2024 年度辽宁省教育厅高校基本科研项目（LJ212414435005、LJ232414435003）
辽宁省储能与能源利用技术重点实验室 2024 年项目（CNNK202408、CNNK202416）
2024 年辽宁省自然科学基金区域联合计划项目（2024LNYKJ13）

超声物料输送技术

王笑竹　著

北　京
冶 金 工 业 出 版 社
2025

内 容 提 要

本书从行波超声物料输送的运行机理出发，运用解析法得出超声物料输送振子尺寸参数的范围，阐述了超声物料输送振子的结构设计与试验，对理论研究与实验数据进行了对比，深入而完整地总结了作者在超声物料输送振子方面的设计与创新。全书共 4 章，第 1、2 章为超声电机技术的概述和运行机理；第 3、4 章为圆环形超声物料输送装置和长环形超声物料输送装置。

本书可供从事超声物料输送装置研究、设计和应用的工程技术人员阅读，也可供高等院校机械工程专业的师生参考。

图书在版编目（CIP）数据

超声物料输送技术 / 王笑竹著. -- 北京 ：冶金工业出版社，2025. 8. -- ISBN 978-7-5240-0306-9

Ⅰ. TH165

中国国家版本馆 CIP 数据核字第 2025DY1039 号

超声物料输送技术

出版发行 冶金工业出版社　**电　话** (010)64027926

地　址 北京市东城区嵩祝院北巷 39 号　**邮　编** 100009

网　址 www. mip1953. com　**电子信箱** service@ mip1953. com

责任编辑　任咏玉　美术编辑　彭子赫　版式设计　郑小利

责任校对　梅雨晴　责任印制　禹　蕊

三河市双峰印刷装订有限公司印刷

2025 年 8 月第 1 版，2025 年 8 月第 1 次印刷

710mm×1000mm　1/16；7. 5 印张；145 千字；112 页

定价 65. 00 元

投稿电话　(010)64027932　投稿信箱　tougao@ cnmip. com. cn

营销中心电话　(010)64044283

冶金工业出版社天猫旗舰店　yjgycbs. tmall. com

（本书如有印装质量问题，本社营销中心负责退换）

前　言

超声物料输送装置是从超声电机延伸出来的一种新型的超声波驱动器，在原理上完全不同于传统物料输送装置。超声物料输送装置利用压电陶瓷的逆压电效应，将交变电场的电能转换为压电陶瓷在超声频范围内的机械能，再通过压电超声振动在振子上产生行波。由于行波的存在，使得振子表面上的各质点做微观椭圆运动，而椭圆运动的微小位移又通过摩擦力推动物料在振子表面上移动。超声物料输送装置在输送药品、电子元器件等要求噪声小、环境清洁的生产领域有极为广阔的应用前景。

本书介绍了超声物料输送装置的组成，详细阐述了压电陶瓷的特性、振动模式以及压电振子。从理论上分析了行波压电振子的工作原理。利用 ANSYS 有限元分析软件对环形输送振子的结构进行了动态设计，确定了振子的结构尺寸参数，并优选出振子的 $B_{0,11}$、$B_{0,15}$阶弯曲模态及对应的固有频率。通过对压电陶瓷片的分区极化设计，实现了同一压电振子在多阶弯曲模态即多工作频率下的驱动。利用有限元软件的模态分析找到了长环形振子的两个 B_{18}阶面内弯曲振动模态，固有频率分别为 20326 Hz 和 20327 Hz，频率差仅为 1 Hz，满足工程要求。

本书在选定模态的前提下，以最小频率差为目标，分析了结构参数对振型及频率的影响，对振子整体进行动态设计，实现了最优设计。

特别感谢营口理工学院张健老师、梁金广老师对作者给予的帮助和支持。

本书内容涉及的有关研究得到了 2024 年度辽宁省教育厅高校基本科研项目（LJ212414435005、LJ232414435003）、2023 年度辽宁省教育厅科研项目（JYTMS20230059）、辽宁省储能与能源利用技术重点实验室2024年项目（CNNK202408、CNNK202416）、2024年辽宁省自然科学基金区域联合计划项目（2024LNYKJ13）、2024年营口理工学院校级科研项目（FDL202402、FDL202403）等的资助，特此致谢。本书在撰写过程中，参考了有关文献资料，在此，向文献资料的作者表示感谢。

由于作者水平所限，书中不妥之处，敬请广大读者批评指正。

王笑竹
2025年4月
于营口理工学院

目　录

1 超声物料输送

随着当今社会生产自动化程度的不断提高，物料输送作为自动化生产线上不可或缺的环节，其输送效率与流程在很大程度上决定了整个自动化生产程序的优劣，因此对其结构、噪声、工作原理、输送精度及控制难易程度等方面都提出了更高的要求。传统的基于电磁换能原理的振动输送装置因噪声大、响应慢、结构笨重、配送精度低等缺点越来越难以满足轻工、电子产品的自动加工以及包装、装配等生产线输送工艺的要求。

近年来，压电式振动给料装置凭借噪声小、耗能低、容易控制以及无电磁干扰等优点，在微小型振动输送或给料领域大有取代传统电磁振动输送装置的趋势。同其他形式的给料器相比，其还具有结构简单、能量消耗小、工作性能平稳可靠、上料率高、通用性好并且供料速度容易调节等优点。在输送过程中，可利用挡板、特殊的运行轨道或者偏重等方法对物料进行定向整理、筛选或排序等工艺过程。而且超声频域内的压电振动给料装置，因振动给料载体的无声及微小振幅高效率的平稳有序运动，在输送药品、电子元器件等要求噪声小、环境清洁的生产领域有极为广阔的应用前景。

1.1 超声物料输送技术概述

超声物料输送装置是从超声电机延伸出来的一种新型的超声波驱动器，在原理上完全不同于传统物料输送装置。它利用压电陶瓷的逆压电效应，将交变电场的电能转换为压电陶瓷在超声频范围内的机械能，再通过压电超声振动在振子上产生行波。由于行波的存在，振子表面上的各质点做微观椭圆运动，而椭圆运动的微小位移又通过摩擦力推动物料在振子表面上移动。由于输送装置振子的工作频率处于超声频范围内，所以将其称为超声物料输送装置。

1.1.1 超声物料输送装置的特点

超声物料输送装置是超声振动技术的实际应用之一，它除了具有超声电机特点：安静噪声小，响应快等，超声物料输送装置与传统输送装置相比还有如下一些优点：

（1）无轴、杆等机械传动部件，结构简单，易于加工制作；

（2）改变驱动信号（如电压、频率、振幅等）中的任一参数，均可控制输送速率，控制参数多、可控性好；

（3）在超声频域内工作，无人体可感受的噪声和振动；

（4）不产生干扰电磁场，也不受电磁干扰信号的影响。

但是，超声物料输送装置也存在以下缺点：

（1）由于超声物料输送装置的工作频率一般在 20 kHz 以上，一般的电源不能满足工作要求，需要配备专用的超声频域电源；

（2）压电陶瓷片对环境变化比较敏感，输送装置在共振点附近工作，温度变化会导致共振点漂移，需要采取温度补偿措施。

1.1.2　超声物料输送装置的应用

超声物料输送装置具有结构简单、尺寸小、易于控制等特点，是一种有效地针对少量或微量物料的精确定量输送装置，已经或将在如下几个方面得到应用。

（1）暂存与分配：日本 SATTAS 公司生产的物料暂存分配器可以将物料存储在料箱或料瓶中，并根据需要和用量，随时、简单、方便地分配到小型容器或包装中，防止了物料的散失和对环境的污染。

（2）自动化精确称量：配备精确称量和控制系统，可以实现物料自动化精确称量，提高工作效率和操作精度。

（3）用于自动化生产线：在自动化生产线上，实现染料、催化剂、调味剂等少量或微量物料的自动化连续、定时、定量添加，可以变手动控制为自动控制，变间歇生产为连续生产，提高了添加的精度和可靠性。

（4）用于其他物料加工设备：与筛分、混合、研磨、充填、包装等物料加工设备相结合，实现少量或微量物料的自动化、连续化生产。

（5）按比例混合：组合两台以上超声物料输送装置，可以自动完成多种物料的按比例混合，提高了少量物料分配的操作效率和可靠性。

1.2　超声物料输送装置的国内外研究现状

1.2.1　国内研究现状

在国内，南京航空航天大学张贵林等提交了超声粉体输送装置的研究报告及论文，制作了国内首台超声波粉体输送装置的原理样机（如图 1.1 所示），填补了国内在超声波粉体输送研究方面的空白，为国内开展这方面的研究打下了良好的基础。

该样机的工作频率为 58.54 kHz，输送段长度为 8.5 cm，驱动电压为 120 V 时，输送 36 号金刚砂的速率为 0.74 g/s。该样机对输送对象具有强烈的选择性，

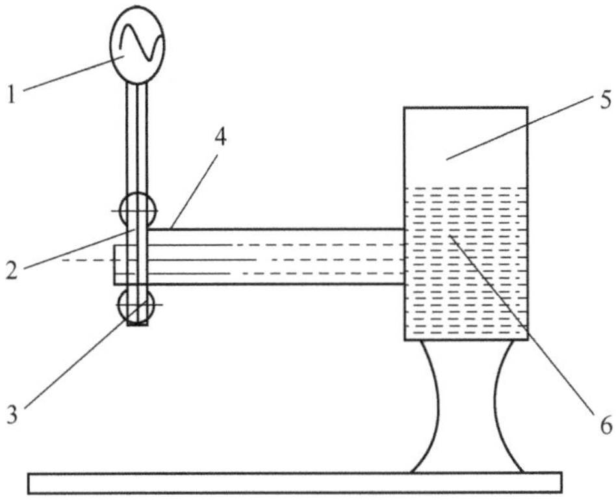

图 1.1　超声波粉体输送装置

1—电源；2—压片机；3—压板；4—有机玻璃管；5—料斗；6—粉体物料

最适于输送密度高和外摩擦系数大、流动性好的粉体。

张贵林教授还为超声波粉体输送装置构建了一套粉体自动称量与控制系统，初步实现了粉体的精确、定量输送，并利用这套自动称量与控制系统对试制的原理样机的输送速率进行了测试，并对物料种类、驱动电压、工作频率、输送细管输送段长度以及料杯内物料高度等主要影响因素对输送速率的影响规律进行了分析讨论，得出的结论为进一步设计研究超声粉体输送装置、驱动电源、称量与控制系统以及相关的理论研究提供了参考。

辽宁工业大学振动工程研究所对行波型、驻波型超声物料输送装置均进行了理论及试验研究。

图 1.2 所示为行波型超声物料输送装置的原理样机。该装置利用输送体本身作为压电振子，下侧粘贴有压电陶瓷片，两组压电陶瓷片在两相交流电压的驱动下，使得输送体振子表面产生行波，输送体振子表面质点的椭圆轨迹促使散体物料沿着与行波相反的方向向前运动。该装置工作频率为 32 kHz，输送速率可达 120 mm/s。

图 1.2　行波型超声物料输送装置

图 1.3 所示为驻波型超声物料输送装置的原理样机。该装置采用输送表面为矩形的压电振子作为激振体，利用压电陶瓷片作为激振源，激发出压电输送振子的一阶纵向振动，进而实现驻波型超声频振动输送。该输送装置工作频率为 34.7 kHz，对输送对象有一定的选择性，对表面光滑、质量大的物料输送效果较好。

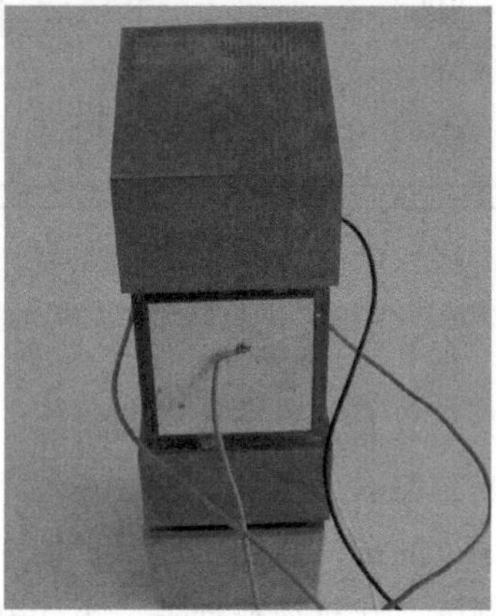

图 1.3 驻波型超声物料输送装置

哈尔滨工业大学研制了超声波液体传送装置，如图 1.4 所示。装置主要由两个频率特性一致的夹心式换能器、传送导管、液体物料、驱动电源等组成。利用纵向振动的超声波换能器激起传送管上的弯曲行波，使输送管管壁质点产生椭圆运动从而在液体中产生声流来驱动液体运动，从而实现了液体的输送。该装置的工作频率为 27 kHz，输送豆油的速率为 15 滴/min。

图 1.4 超声波液体传送装置样机

吉林大学对径向伸缩模态超声波粉体输送装置进行了研究，设计制作了一台径向伸缩型超声波粉体输送装置的试验样机，如图 1.5 所示。利用 LabVIEW 软件平台构建的称量与控制系统完成了超声波粉体输送装置的输送速率试验，并根据试验结果对包括粉体物性参数、结构参数以及操作参数在内的若干主要因素对输送性能的影响进行了分析和讨论。该样机主要由输送部件、料斗及驱动电源等组成。此装置工作频率为 58.56 kHz，输送长度为 13 cm，输送对象为 60 号金刚砂粉体，驱动电压为 133 V，输送速率达到 2.98 g/s。

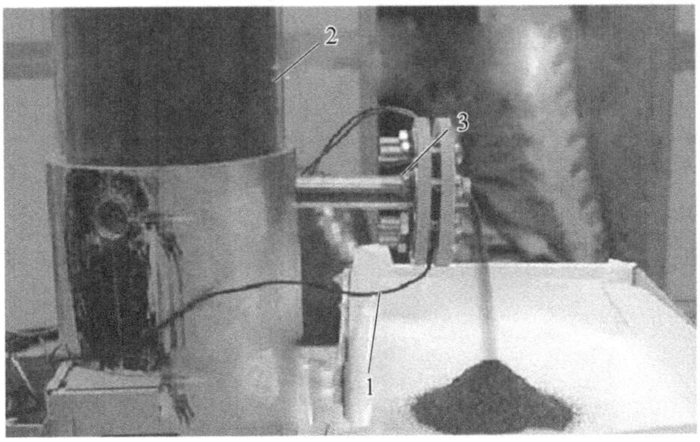

图 1.5 超声波粉体输送装置的原理样机

1—电源引线；2—料杯及内部粉体；3—输送部件

图 1.6 所示为吉林大学研制的一种纵振换能器型超声波振动给料装置。该装置的工作原理是：由超声波电源提供高频的交变电信号，当压电换能器处于纵向振动模态时，依靠底座四周均匀布置的具有相同倾角的弹簧片把换能器上端面的纵

图 1.6 超声波振动给料装置

1—料斗；2—超声换能器；3—支撑弹簧片；4—底座；5—橡胶减振底脚

向振动有效地转化成料斗的纵、扭复合运动，从而带动物料运动，完成输送功能。实际工作时，换能器的电源并不能提供装配后换能器的谐振频率，即不能提供系统谐振所需频率，换能器的端面振幅也达不到理想状态。

图 1.7 所示为吉林大学新研制的一种直线式超声波振动给料系统，该系统的换能器选择夹心式压电换能器。当给换能器施加电源信号时，超声换能器就会产生高频低幅的纵向振动，迫使弹性连接片进行左右往复循环的弯曲运动，从而得到弹性连接片的高频微幅振动。再将振动传递到料盘，从而带动物料进行运动。该装置在 17.4~17.6 kHz 附近的范围内，具有良好的输送性能。

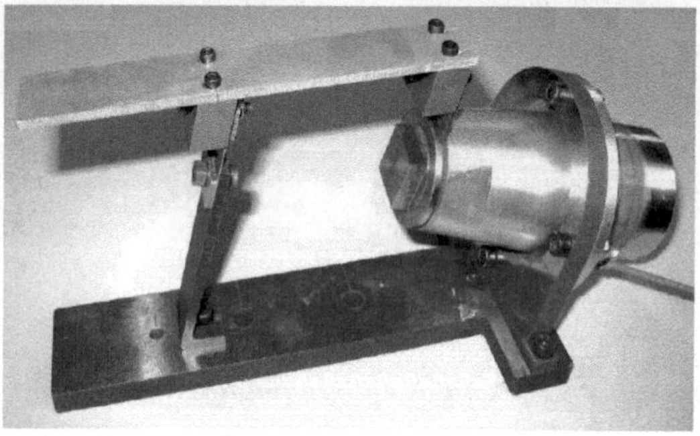

图 1.7　直线式超声波振动给料器

1.2.2　国外研究现状

根据现有资料，日本最早开始研制超声粉体输送装置，在试验研究和应用方面处于领先地位。日本企业界也积极响应并参与超声波粉体输送装置、自动称量与控制系统的研究。目前，在日本市场上已有少量实用机型出现。

自 1991 年起，日本山形大学的高野刚浩等人成功地利用细管管壁上的衰减行波输送了粉体金刚砂，制作了多种形式的试验原理样机，并发表了学术研究报告，开创了超声波粉体输送的先河。2001 年，高野等使用铜管并在其表面覆盖能耗系数较大的材料，试验结果证明能够形成衰减行波，并能较好地完成粉体物料的输送。

但高野刚浩等人的研究只侧重于对装置结构和试验结果的研究，在理论研究方面仍停留在用超声电机驱动理论来解释粉体输送机理阶段，未能从理论上分析超声波粉体输送装置的结构参数、操作参数、输送对象物性参数以及环境参数（如温度、湿度等）对输送能力和功耗等指标的影响，也未能推导出关于输送速率和能量消耗的理论模型。

图 1.8 所示为日本专家研制的另一种超声波物料输送机构，用两个超声波换能器——一个发射声波，另一个接收声波，在振动平台上形成行波，被悬浮物体在振动平台上沿着行波前进的方向前进，被送到目的地。

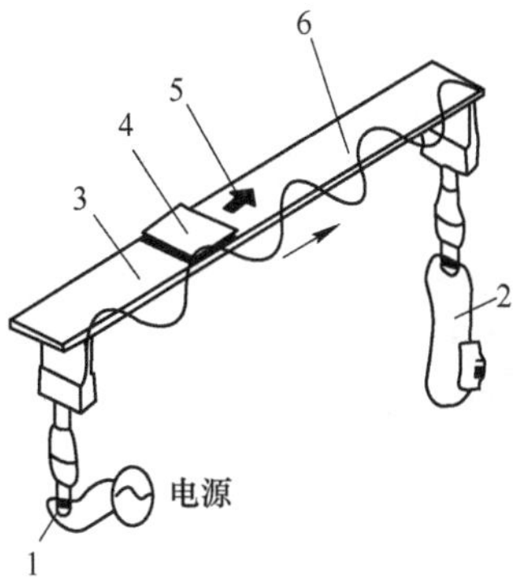

图 1.8　超声波输送机构

1—换能器 1；2—换能器 2；3—振动平台；4—悬浮物体；5—输送方向；6—振动波形

美国 Wisconsin-Madison 大学对超细粉体输送方面做了深入研究，图 1.9 和图 1.10 是该大学所研制的粉体输送装置的示意图。

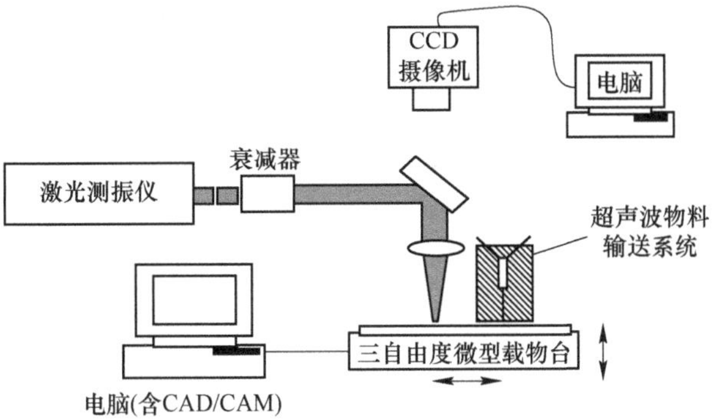

图 1.9　微制造系统

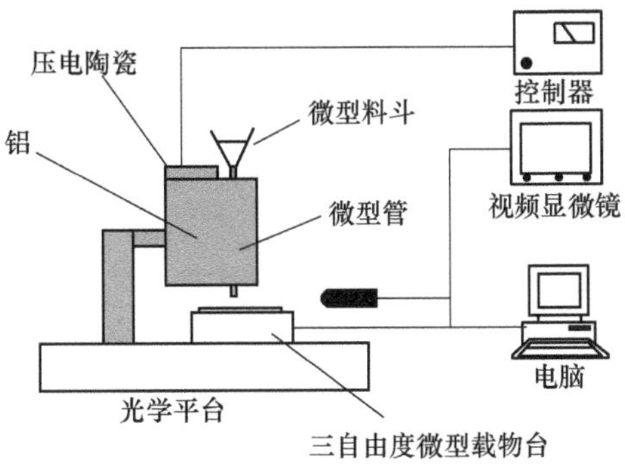

图 1.10　超声波粉体输送系统

德国 Paderborn 大学研制了基于径向伸缩振动模态的超声波粉体输送装置，其试验装置如图 1.11 所示。该装置的输送体为有机玻璃管，工作频率为 39.3 kHz，输送段长度为 150 mm，输送物料为超细粉体。

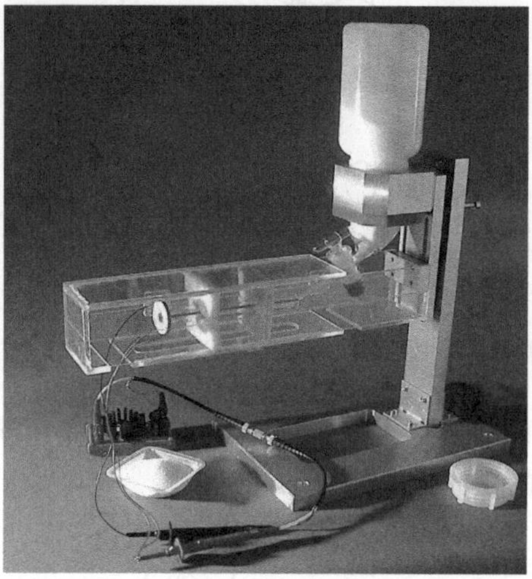

图 1.11　Paderborn 大学研制的超声波粉体输送装置

2 超声物料输送装置的运行机理

2.1 圆环面外弯曲振动的解析解

本书所研究的圆环，假设为等截面并且截面尺寸和环中心线半径相比要小得很多，同时圆环截面在振动的过程中仍然保持为平面。选择圆柱坐标系 $R\ \theta\ Z$ 对圆环振动进行分析，图 2.1 所示为圆环的振动示意图。圆环在振动中除了有扩张振动之外，还有扭转振动。设其绕轴线的转角为 ψ，于是截面上各点有三个方向的位移，设其沿 R、θ、Z 方向的位移为 u、v、w。

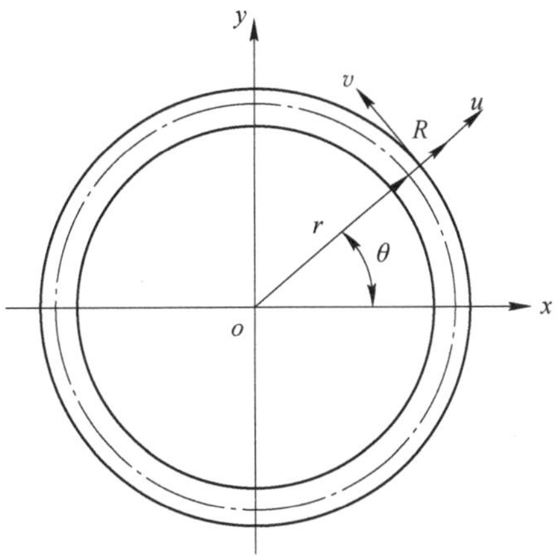

(a)

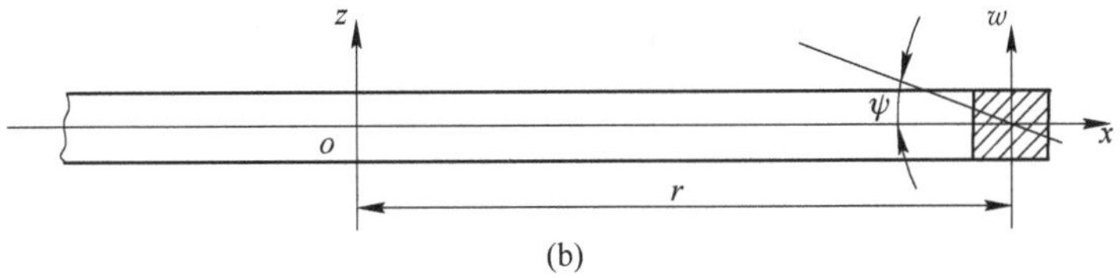

(b)

图 2.1　圆环振动系统

(a) 环面内示意图；(b) 环面外示意图

设轴线（截面中心线）上任一点的位移为 u、v、w，绕轴线的转角为 ψ，略去高阶微量，则环上任意点 $a(R,\theta,Z)$ 的位移将为：

$$\begin{cases} u_a = u + \psi z \\ v_a = v\dfrac{R}{r} + \dfrac{1}{r}\dfrac{\partial u}{\partial \theta}(r-R) - \dfrac{1}{r}\dfrac{\partial w}{\partial \theta}z \\ w_a = w + \psi(r-R) \end{cases} \tag{2.1}$$

式中　u——径向位移；

v——切向位移；

r——圆环中心线半径。

根据柯西方程，小变形情况下圆柱坐标系中的截面上各点应变和应力为：

$$\begin{cases} \varepsilon_\theta = \dfrac{u_a}{R} + \dfrac{1}{R}\dfrac{\partial v_a}{\partial \theta} = \dfrac{1}{R}(u+\psi z) + \dfrac{1}{r}\dfrac{\partial v}{\partial \theta} + \dfrac{1}{rR}\dfrac{\partial^2 u}{\partial \theta^2}(r-R) - \dfrac{1}{rR}\dfrac{\partial^2 w}{\partial \theta^2}z \\ \quad = \dfrac{u}{r} + \dfrac{1}{r}\dfrac{\partial v}{\partial \theta} + \left(\dfrac{u}{r^2} + \dfrac{1}{r^2}\dfrac{\partial^2 u}{\partial \theta^2}\right)(r-R) + \left(\dfrac{\psi}{r} - \dfrac{1}{r^2}\dfrac{\partial^2 w}{\partial \theta^2}\right)z + \cdots \\ \sigma_\theta = E\varepsilon_\theta \\ \gamma_{r\theta} = \dfrac{1}{R}\dfrac{\partial u_a}{\partial \theta} + \dfrac{\partial v_a}{\partial R} - \dfrac{v_a}{R} = \left(\dfrac{1}{r}\dfrac{\partial \psi}{\partial \theta} + \dfrac{1}{r^2}\dfrac{\partial w}{\partial \theta}\right)z + \cdots \\ \tau_{r\theta} = G\gamma_{r\theta} \\ \gamma_{\theta z} = \dfrac{1}{R}\dfrac{\partial w_a}{\partial \theta} + \dfrac{\partial v_a}{\partial \theta} = \left(\dfrac{1}{r}\dfrac{\partial \psi}{\partial \theta} + \dfrac{1}{r^2}\dfrac{\partial w}{\partial \theta}\right)(r-R) + \cdots \\ \tau_{\theta z} = G\gamma_{\theta z} \end{cases} \tag{2.2}$$

圆环的势能表达式为：

$$\begin{aligned} U &= \frac{1}{2}\int_0^{2\pi}\iint_A \varepsilon_\theta \sigma_\theta R\mathrm{d}A\mathrm{d}\theta + \frac{1}{2}\int_0^{2\pi}\iint_A (\gamma_{r\theta}\tau_{r\theta} + \gamma_{\theta z}\tau_{\theta z})R\mathrm{d}A\mathrm{d}\theta \\ &= \frac{1}{2}\int_0^{2\pi}\left[EA\left(\frac{u}{r} + \frac{1}{r}\frac{\partial v}{\partial \theta}\right)^2 + EI_r\left(\frac{u}{r^2} + \frac{1}{r^2}\frac{\partial^2 u}{\partial \theta^2}\right)^2 + EI_r\left(\frac{\psi}{r} - \frac{1}{r^2}\frac{\partial^2 w}{\partial \theta^2}\right)^2 - \right. \\ &\quad \left. 2EI_r\frac{1}{r}\left(\frac{u}{r} + \frac{1}{r}\frac{\partial v}{\partial \theta}\right)\left(\frac{u}{r^2} + \frac{1}{r^2}\frac{\partial^2 u}{\partial \theta^2}\right) + GI_p\left(\frac{1}{r}\frac{\partial \psi}{\partial \theta} + \frac{1}{r^2}\frac{\partial w}{\partial \theta}\right)^2\right]\mathrm{d}\theta \end{aligned} \tag{2.3}$$

圆环的动能表达式为：

$$\begin{aligned} T &= \frac{1}{2}\int_0^{2\pi}\iint_A \rho(\dot{u}_a^2 + \dot{v}_a^2 + \dot{w}_a^2)R\mathrm{d}A\mathrm{d}\theta \\ &= \frac{r}{2}\rho\int_0^{2\pi}\left[A(\dot{u}_a^2 + \dot{v}_a^2 + \dot{w}_a^2) + I_p\dot{\psi}^2 - 2I_r\frac{\dot{w}}{r}\dot{\psi}\right]\mathrm{d}\theta \end{aligned} \tag{2.4}$$

式中 I_r——截面对半径的惯性矩；

I_p——截面的极惯性矩；

A——横截面面积；

ρ——密度。

从势能和动能的表达式可以看出，u、v 和 w、ψ 之间不发生耦合，因此，圆环的振动可以分解为环面内的振动和环面外的振动。由于本书设计的大直径环状压电振子利用的是圆环的面外弯曲振动进行工作的，在这里仅对环的面外弯曲振动进行介绍。

在动能和势能表达式中，令 $u=v=0$，然后代入变分方程（2.5），即可得圆环面外振动的微分方程式：

$$\delta\int_{t_1}^{t_2}(T-U)\,\mathrm{d}t+\int_{t_1}^{t_2}\delta W\mathrm{d}t=0 \tag{2.5}$$

$$\delta\int_{t_1}^{t_2}\frac{r}{2}\int_0^{2\pi}\left[\rho\left(A\dot{w}^2+I_p\dot{\psi}^2-2I_r\frac{\dot{w}}{r}\dot{\psi}\right)-EI_r\left(\frac{\psi}{r}-\frac{1}{r^2}\frac{\partial^2 w}{\partial\theta^2}\right)^2-\right.$$

$$\left.GI_p\left(\frac{1}{r}\frac{\partial\psi}{\partial\theta}+\frac{1}{r^2}\frac{\partial w}{\partial\theta}\right)^2\right]\mathrm{d}\theta\mathrm{d}t=0$$

经过变分运算（∂w、$\partial\psi$ 是任意的），则得：

$$\begin{cases}EI_r\dfrac{1}{r^2}\dfrac{\partial^2}{\partial\theta^2}\left(\dfrac{\psi}{r}-\dfrac{1}{r^2}\dfrac{\partial^2 w}{\partial\theta^2}\right)+GI_p\dfrac{1}{r^2}\dfrac{\partial}{\partial\theta}\left(\dfrac{1}{r}\dfrac{\partial\psi}{\partial\theta}+\dfrac{1}{r^2}\dfrac{\partial w}{\partial\theta}\right)-\rho A\ddot{w}+\rho I_r\dfrac{\ddot{\psi}}{r}=0\\ GI_p\dfrac{1}{r}\dfrac{\partial}{\partial\theta}\left(\dfrac{1}{r}\dfrac{\partial\psi}{\partial\theta}+\dfrac{1}{r^2}\dfrac{\partial w}{\partial\theta}\right)-EI_r\dfrac{1}{r}\left(\dfrac{\psi}{r}-\dfrac{1}{r^2}\dfrac{\partial^2 w}{\partial\theta^2}\right)-\rho I_p\ddot{\psi}+\rho I_r\dfrac{\ddot{w}}{r}=0\end{cases} \tag{2.6}$$

以上两个方程彼此之间发生耦合，即圆环的面外振动与扭转振动是相互耦合的，设其振动时垂直于环平面的位移函数 w 和扭转位移函数 ψ 分别为：

$$\begin{cases}\psi=(A_n\sin n\theta+B_n\cos n\theta)e^{jpt}\\ w=(C_n\cos n\theta+D_n\sin n\theta)e^{jpt}\end{cases} \tag{2.7}$$

将式（2.7）代入式（2.6），并考虑到 $I_r\ll Ar^2$，得到频率方程为：

$$p^4\rho^2AI_p-p^2\rho A\left(GI_p\frac{n^2}{r^2}+EI_r\frac{1}{r^2}\right)+GI_pEI_r\frac{n^2}{r^6}(n^2-1)^2=0$$

$$p_n^2=\frac{1}{2\rho I_pr^2}\left[(EI_r+GI_pn^2)\pm\sqrt{(EI_r+GI_pn^2)^2-4GI_pEI_r\frac{I_p}{Ar^2}n^2(n^2-1)^2}\right] \tag{2.8}$$

由于根号中的后一项比前一项小很多，所以方括号内第一项与第二项的数值差不大。因此，式（2.8）中“±”为“+”或“-”时，最终频率值的差值较大。其中频率中较高的一类是扭转振动，其频率为：

$$p_n^2 = \frac{1}{\rho I_p r^2}(EI_r + GI_p n^2) \quad n = 0,\ 1,\ 2,\ \cdots \tag{2.9}$$

相应的各阶固有频率为：

$$f_n = \frac{1}{2\pi r}\sqrt{\frac{1}{\rho I_p}(EI_r + GI_p n^2)} \quad n = 0,\ 1,\ 2,\ \cdots \tag{2.10}$$

当 $n=0$ 时，得扭转振动的基频为：

$$p_0^2 = \frac{EI_r}{\rho I_p r^2}$$

$$f_{n0} = \frac{1}{2\pi r}\sqrt{\frac{EI_r}{\rho I_p}}$$

相应的扭转振动位移函数为：

$$\begin{cases} \psi_0 = B_0 e^{jp_0 t} \\ w_0 = \dfrac{I_r}{Ar}\psi_0 \end{cases} \tag{2.11}$$

频率较低的一类是面外弯曲与扭转的耦合振动，其频率为：

$$p_n^2 = \frac{EI_r}{\rho A r^4} \cdot \frac{n^2(n^2 - 1)^2}{n^2 + \dfrac{EI_r}{GI_p}} = \frac{EI_r}{\rho A r^4} \cdot \frac{n^2(n^2 - 1)^2}{n^2 + 1 + \mu} \tag{2.12}$$

式中　μ——泊松比。

各阶固有频率为：

$$f_n = \frac{1}{2\pi r^2}\sqrt{\frac{EI_r}{\rho A} \cdot \frac{n^2(n^2 - 1)^2}{n^2 + 1 + \mu}} \tag{2.13}$$

设圆环外环半径为 R_o，内环半径为 R_i，圆环高度 h，则圆环中心线半径（振子环的等效半径）$r = \dfrac{R_o + R_i}{2}$，$I_r = \dfrac{R_o + R_i}{12}h^3$，$A = (R_o - R_i)h$，将上述参数代入式（2.13），可得：

$$f_n = \frac{2h}{\pi(R_o + R_i)^2}\sqrt{\frac{E}{12\rho} \cdot \frac{n^2(n^2 - 1)^2}{n^2 + 1 + \mu}} \tag{2.14}$$

可见，在圆环宽度一定的情况下，圆环固有频率与其高度成正比。

2.2 环形输送振子的振动分析

2.2.1 行波的激发

图 2.2 所示为普通环形压电振子所用到的环形压电陶瓷片的电极结构图，环形振子由数段极化过的压电陶瓷片组成。图中所示的极化分区可组成三个电极，其中 A 区和 B 区表示驱动输送装置的两相电极（利用压电陶瓷的逆压电效应），而 S 区是传感器区（利用压电陶瓷的正压电效应），可实时反映振子的振动情况，其反馈信号可用于控制驱动电源的输出信号。A 区和 B 区各分区所占的宽度为 $\lambda/2$，S 区宽度为 $\lambda/4$，用于将两驻波合成为一个波长的行波。

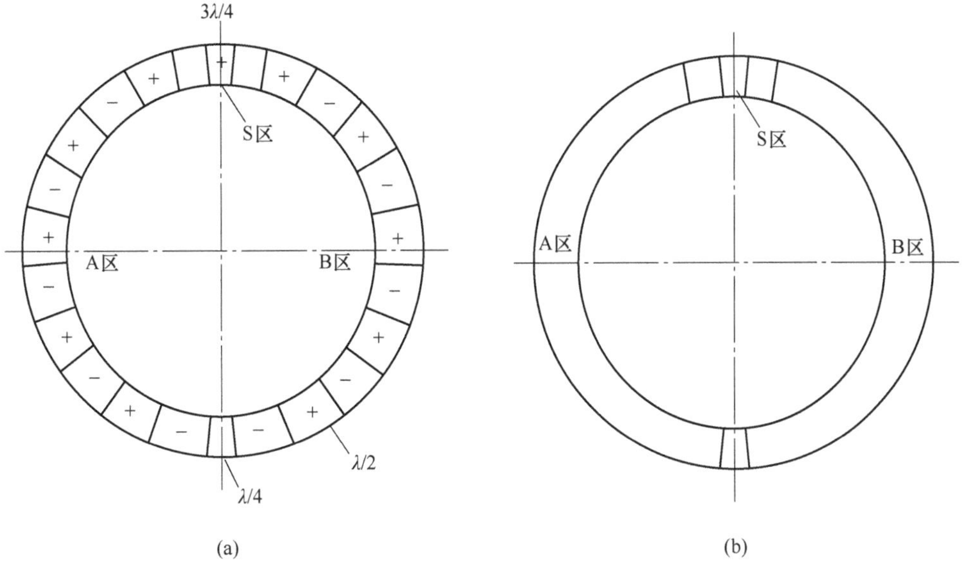

图 2.2 压电陶瓷片的分区极化

（a）正面；（b）反面

由于压电陶瓷相邻分区极化方向相反，在电压激励下通过压电陶瓷的非零压电系数 d_{31}，相邻压电分区分别伸张和收缩，从而激发横向长度伸缩振动模态，可以在振子弹性体中激励出弯曲振动，如图 2.3 所示。

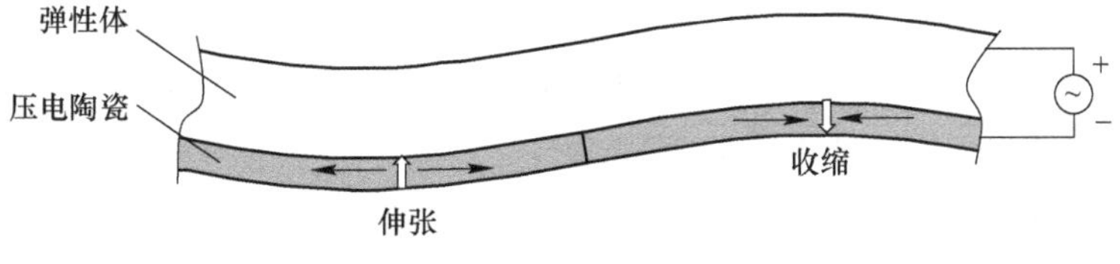

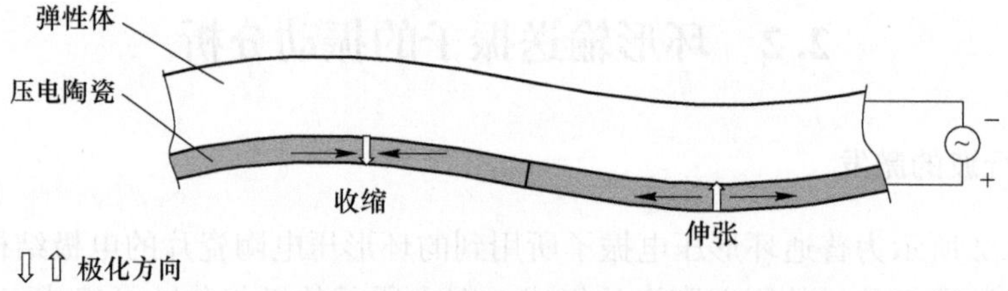

图 2.3　压电振子弯曲振动产生机理

使用单相交变电压激励压电陶瓷环 A 区或者 B 区，只能在振子环中激发出驻波振动；而使用两相交变电压同时激励 A 区和 B 区，在一定条件下就可以在振子环中激发出行波振动，如图 2.4 所示。

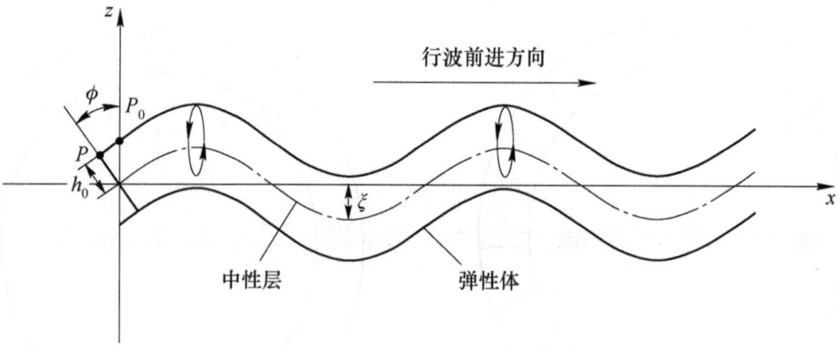

图 2.4　振子表面质点运动情况

设 A 相、B 相驱动激发的驻波分别为：

$$w_A(x,\ t)=\xi_A\cos kx\cos\omega t \tag{2.15}$$

$$w_B(x,\ t)=\xi_B\cos[k(x-a)]\cos(\omega t+\phi) \tag{2.16}$$

$$k=\frac{2\pi}{\lambda}$$

$$\lambda=\frac{L}{n}$$

$$L=2\pi r$$

$$n=kr$$

式中　w_A，w_B——弹性体表面横向位移；

ξ_A，ξ_B——A 相和 B 相振动的振幅；

k——弹性波振动的波数；

λ——弹性波波长；

L——振子环圆周长；

r——振子环平均半径；

n——周向振动模态阶数；

a——振子 A 相与 B 相间的空间间隔（对应图 2.2 的电极结构，$a=\lambda/4$）；

ϕ——A 相、B 相驱动间的相位差：

$$w_B(x,\ t)=\xi_B\sin kx\cos(\omega t+\phi) \tag{2.17}$$

两列驻波叠加可得振子环表面质点的横向振动位移为：

$$\begin{aligned}w(x,\ t)&=w_A(x,\ t)+w_B(x,\ t)\\&=\xi_A\cos kx\cos\omega t+\xi_B\sin kx\cos(\omega t+\phi)\end{aligned} \tag{2.18}$$

式（2.18）中，若 $\xi_A=\xi_B=\xi$，$\phi=\pi/2$，则有：

$$w(x,\ t)=\xi\cos(\omega t+kx) \tag{2.19}$$

而当 $\xi_A=\xi_B=\xi$，$\phi=-\pi/2$ 时，则有：

$$w(x,\ t)=\xi\cos(\omega t-kx) \tag{2.20}$$

由式（2.19）和式（2.20）可以看出，当两相驱动电压相位差为 $\pi/2$ 时，在振子环中形成行波，而且当其中某一相反相时，行波的传送方向相反。

2.2.2　振子表面质点椭圆轨迹的生成

对于式（2.20）所给出的行波，振子表面质点相垂直的两个位移——纵向振动位移 $u(x,\ t)$ 和横向振动位移 $u(z,\ t)$ 可表示为：

$$u(x,\ t)=-h_0\frac{\partial w(x,\ t)}{\partial x}=-kh_0\xi\sin(\omega t-kx) \tag{2.21}$$

$$u(z,\ t)=w(x,\ t)=\xi\cos(\omega t-kx) \tag{2.22}$$

式中　h_0——振子上表面到中性层的距离。

由式（2.21）和式（2.22）可得振子表面质点运动轨迹方程：

$$\frac{u^2(x,\ t)}{(kh_0\xi)^2}+\frac{u^2(x,\ t)}{\xi^2}=1 \tag{2.23}$$

由式（2.23）可见，当在振子中形成行波时，振子表面质点做椭圆轨迹运动，如图 2.4 所示。

由式（2.21），可以获得振子表面质点运动的纵向速度：

$$v_x(x,\ t)=\frac{\partial u(x,\ t)}{\partial t}=-kh_0\xi\omega\cos(\omega t-kx) \tag{2.24}$$

在椭圆运动最高点（即波峰处），横向振动位移 $u(z,\ t)$ 最大，而纵向振动位移 $u(x,\ t)$ 为零，此时 v_x 获得最大值：

$$v_{x\max}=-kh_0\xi\omega \tag{2.25}$$

式（2.25）中的负号表示振子表面质点运动到椭圆最高点时的运动方向正好与行波的前进方向相反。当在振子表面输送物料时，若不计物料与振子间的相对运动，且设物料与振子环的接触面与振子振动波形相切，则此时物料的运动速度为：

$$v = -kh_0\xi\omega \tag{2.26}$$

同式（2.25）相同，式（2.26）中的负号表示物料的移动方向与振子表面所产生的行波前进方向相反。

由此可得，振子表面质点的运动轨迹为椭圆，振子与物料之间产生圆周切向的摩擦力驱动物料前进，前进方向与行波的行进方向相反。

2.3 环形振子表面质点的径向振幅分布

以环形振子的轴线为 z 轴，在振子下环面建立柱坐标系。分别给压电陶瓷片施加正弦和余弦两相电压，则环形振子任一质点的运动轨迹表达式（2.29）为式（2.27）和式（2.28）的合成。

$$S_2 = AJ_m(kr)\sin m\theta \sin\omega t \tag{2.27}$$

$$S_1 = AJ_m(kr)\cos m\theta \cos\omega t \tag{2.28}$$

$$S_z = S_1 + S_2 = AJ_m(kr)\cos(m\theta - \omega t) \tag{2.29}$$

式中 S_1，S_2，S_z——质点运动轨迹方程；

J_m——第 m 阶贝塞尔函数；

m——波数；

ω——角频率；

r——质点的极径坐标。

由式（2.29）可知，在任一时刻，环形振子质点的振幅除与行波传播方向（即圆周方向）上的坐标 θ 有关外，还与质点所处的径向坐标 r 有关。并且 $r=0$ 处质点的振幅为零，相同 θ 坐标质点的振幅随极径坐标 r 的增大而增大。

作出环形振子波峰处的断面图如图 2.5 所示，以断面左上角 A 点为例，可知在所作断面上，环形振子表面质点的位移有一个径向分量 $\boldsymbol{S}_r$。径向分量 $\boldsymbol{S}_r$ 的存在使得压电输送振子质点的椭圆运动轨迹随之发生倾斜。

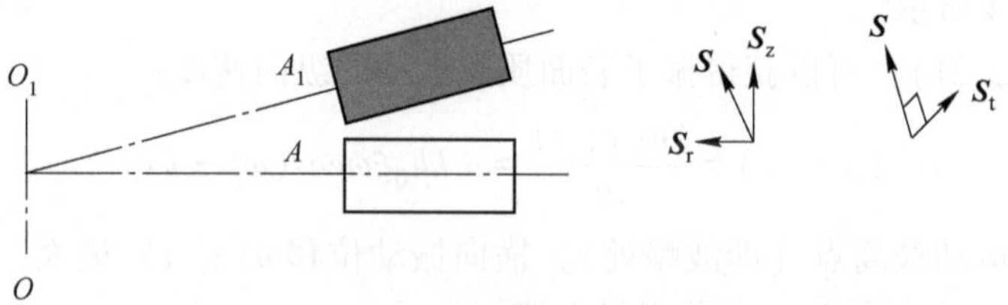

图 2.5 环形板表面质点的位移

环形振子质点椭圆运动轨迹的两对称轴分别为质点的轴向位移 S 和切向位移 S_t。当所增加的径向分量 $\boldsymbol{S}_r$ 指向环形振子轴线时，振子质点的椭圆运动轨迹所在平面倾向环形振子轴线。这种倾斜使得除振子圆环端面之外，振子圆环内圆柱侧面的上端和下端各存在一窄的圆柱侧面。

2.4　超声物料输送装置的输送原理

由 2.3 节的分析讨论可知，行波型超声物料输送装置利用压电陶瓷片激发出输送振子的弯曲振动，其表面质点的运动轨迹为椭圆。压电输送振子工作时，输送振子和物料在物料自重作用下产生接触压力和接触变形，物料与输送振子的接触模型如图 2.6 所示。

接触处的纵向位移使得物料表面与处于波峰位置的输送振子表面质点脱离接触，接触处横向位移借助摩擦力向物料传递单一方向的驱动力，推动物料前进。随着时间的推移，输送振子也在不断改变着它与物料接触的位置。从理论上说，输送振子表面各质点的振幅相等，物料在纵向位移上保持恒定值不变，即物料稳定地向前移动。由于物料移动依靠摩擦驱动，物料输送方向与行波的传播方向相反。

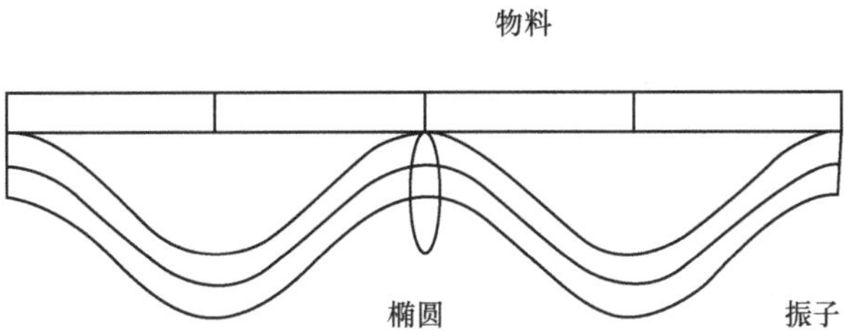

图 2.6　物料与输送振子的接触模型

结　论

本章详细解析了圆环面外弯曲振动，得到了圆环面外弯曲振动的固有频率公式；阐述了输送振子内行波的产生以及振子表面质点椭圆运动轨迹的生成；针对输送振子的环形结构，对振子表面质点径向振动振幅分布方面的基本理论进行了介绍，得到了振子表面同一半径方向上质点的振幅分布规律；最后探讨了超声物料输送装置的输送原理。

3 环状压电振子及其物料输送装置

3.1 含驱动齿压电振子的结构设计及样机制作

超声物料输送装置的性能主要取决于振子的振动特性，因而振子设计在整个设计过程中是至关重要的。它主要包括振动模态设计、内外径的选择、振子厚度设计、齿的设计、陶瓷片的选择等几个方面。其中，模态分析是进行振子优化设计的有力工具，通过振子振动模态分析，可以不断修正振子的结构尺寸，从而找到符合要求的振型和相应的共振频率。

3.1.1 振子的结构设计

3.1.1.1 环形结构设计

压电振子是超声物料输送装置的核心部分，振子由压电材料和弹性体（本书涉及的试验等，均选择黄铜为弹性体）粘贴在一起构成，其主要功能是产生共振模态。超声物料输送装置工作时，在压电陶瓷上施加特定的交变电压，依靠压电陶瓷的逆压电效应可在振子中激发出行波，将电能转换为振子的超声振动，再利用接触摩擦将振子的高频微幅振动转化为物料的旋转运动，从而实现了从电能（输入）到机械能（输出）的能量转换过程。

为保证所设计的超声物料输送装置能对物料的超声振动情况进行不限时并在任意输送长度内的精确观测，本书试验舍弃直线型输送振子而选择圆环形压电振子作为超声振动输送试验装置的换能器，这样，物料可以在环形“跑道”上做循环往复的无终点运动。振子结构如图 3.1 所示。

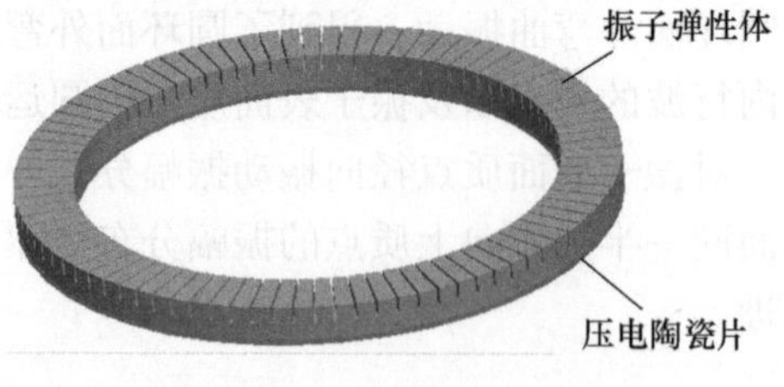

图 3.1　压电振子结构

圆环形压电振子在做面外弯曲振动时，同阶的两个弯曲模态，其频率差理论上为零，这对由圆环的两个同频弯曲驻波叠加为一个弯曲行波提供了设计上的便利，大量的数值计算与试验测试均表明，即使圆环上含有端面齿等复杂实体构造，其同阶弯曲模态的两个频率也十分接近，频率差几乎为零。圆环形输送振子的不利因素是物料的运行轨迹为圆弧线，离心力等因素对物料输送过程产生不同于直线运动额外作用。为减小这一不利影响，本书采用大型圆环压电振子，通过增大圆弧半径，改善曲率对物料输送性能的影响。

3.1.1.2 振子材料的选取

压电振子作为输送装置的驱动源，其弹性材料对输送性能的影响很大，通常，根据输送装置的寿命、效率、成本、应用环境等的要求选择合适的弹性材料，同时需要考虑材料的内部损耗、加工性能、膨胀系数、成本等因素。考虑到材料对微幅振动的传递性、机械加工性等因素，本书选用黄铜材料用于输送振子的制作。

3.1.1.3 振子表面的凸齿结构

行波型超声物料输送振子的输送速率关键取决于振子表面质点的椭圆运动，该椭圆运动不仅与激励电压、压电陶瓷材料有关，而且与振子弹性体结构有关。在振子弹性体结构上采取何种措施，来放大表面质点的椭圆运动，特别是放大弯曲变形弹性体表面质点的横向振动分量，是改善超声物料输送振子输出特性的一个重要措施。本书利用在弹性体表面布置凸齿的方式来增大振子弯曲振动的横向振幅。

振子环上均匀地分布着齿状结构（如图 3.1 所示)，这些突出的齿可以在不提高振子弯曲刚度、固有频率的情况下，增大振子的等效厚度，使振子弯曲振动的振幅放大，从而更好地推动物料运动，是运动传递的关键部分。另外，由于输送装置是利用压电振子与物料之间的切向摩擦力推动物料前进的，而两者之间的摩擦力不可避免地会导致微量碎屑的产生，在输送装置的工作过程中，这些碎屑不断落入振子齿槽中，离开输送带，以保证输送装置的正常工作。

3.1.2 振型的选择

图 3.2 所示为在自由边界条件下无齿圆环面外五阶弯曲振动振型图（圆环尺寸参数为：$\phi100$ mm ×$\phi80$ mm ×1 mm)，其中 $B_{m,n}$中的 m 表示节圆数目，n 表示节径数目。图 3.2（a）为圆环的面外弯曲振动振型示意图；图 3.2（b）为圆环弯曲模态图；图 3.2（c）为对应的圆环位移振型云图。

由第 2 章超声物料输送装置的工作原理知，物料与压电振子接触处的纵向位移使得物料表面与处于波峰位置的输送振子表面质点脱离接触，接触处横向位移借助摩擦力向物料传递单一方向的驱动力，推动物料前进。而图 3.2 中带有节圆

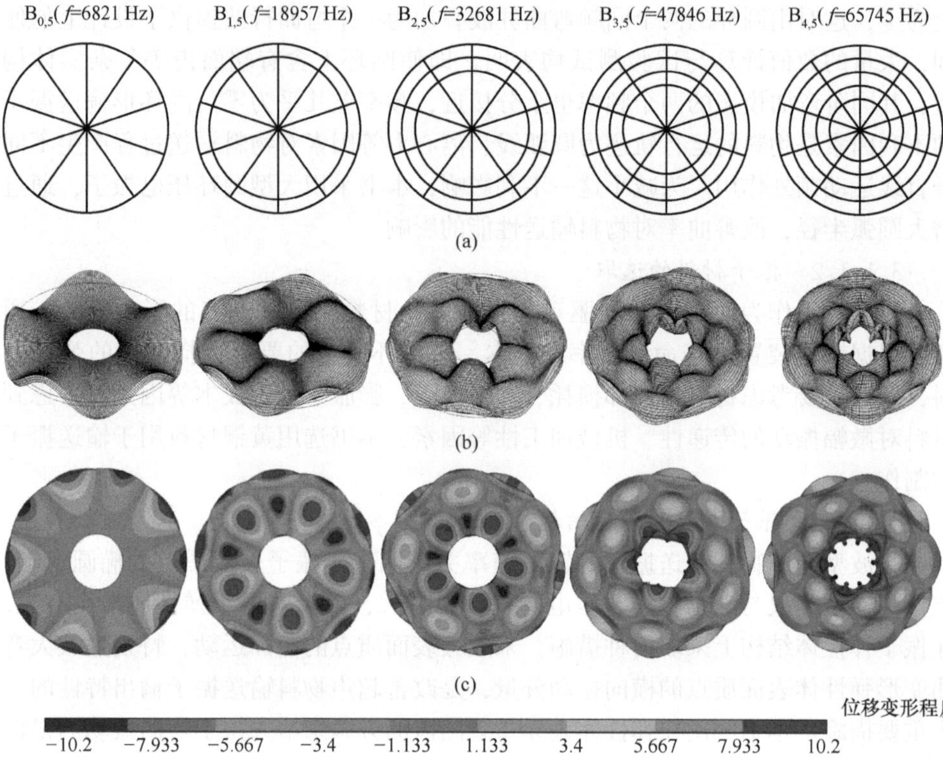

图 3.2　圆环面外弯曲振动模态图

（a）弯曲振动振型示意图；（b）圆环弯曲模态图；（c）圆环位移振型云图

扫码看彩图

的弯曲模态，节圆位置质点振动的振幅为零，节圆数目越多，振子表面振幅为零的质点就会越多。因此，节圆的存在，对于输送装置的输送性能的提高是极为不利的。

本书设计的压电陶瓷两相驱动的超声物料输送装置的环形压电振子，选择沿周向无节圆的 $B_{0,n}$ 模态。在相同的激励条件下，n 越大，振子谐振频率也大，振子的振动幅值就越小，输送装置的输出性能会降低。因此，在谐振频率固定的情况下，要提高输送装置的输送性能就必须增大驱动电压，但是驱动电压的增大使得压电陶瓷的介电损耗增加，压电振子的发热量增大，甚至会使得压电陶瓷破裂，同时，高压高频对驱动电源的设计制作也带来较大的困难。n 越小，振子谐振频率也就越小，虽然振动幅值有所增加，但是压电陶瓷的利用率低，不利于输送装置输送性能的提高。另外，如果谐振频率低于 20 kHz，容易产生噪声。因此，选用适当的 n 不仅可以增加输送振子的输出振动幅值，还有利于驱动电源的设计。

本书设计了一种多工作频率的超声物料输送装置，即同一压电输送振子能在不同的工作模态下工作，为了检测输送装置在不同工作频率下的输送性能，在进行模态选择时，圆环形输送振子的固有频率不宜过高或过低，以防止出现因振幅太小或驱动点个数太少而造成的驱动力减弱的情况；同时应保证同一输送振子的不同的工作模态所对应的固有频率之间有一定的频率差。参考振子各阶弯曲模态的振型图，考虑到振子的 $B_{0,n}$ 模态，在相同的激励条件下，n 越大，振子谐振频率就越大，振子越不易弯曲，本书选择压电振子的 $B_{0,11}$、$B_{0,15}$ 弯曲振动模态作为工作模态。

3.1.3 基于 ANSYS 的有限元分析

由于压电陶瓷利用逆压电效应产生振动的振幅很小（通常只有零点几个微米），必须利用振子的共振来达到放大振幅的目的，所以准确计算振子的固有频率和各参数对振子固有频率的影响是十分重要的。用传统的解析法对环形振子动态特性的分析存在着通用性差、计算结果不准确等缺点。目前常用的有限元法适于解决结构特殊、材料不同的复杂系统的动力学问题，文献［51-53］即采用了有限元法对矩形板压电复合振子的振动状况进行了分析，得到了很好的结果。但目前对于带有凸齿的圆环振子的有限元分析却不是很多，本书采用有限元法对大型环状压电振子的振动情况进行了分析。

3.1.3.1 圆环振子的有限元分析

振子的模态分析方法有多种，经典的解析方法往往对模型进行简化，从而使理论模型和实际有很大出入，很难获得精确的结果。而利用有限元方法进行建模、分析、确定振子的结构及振动特性，不仅容易实现，而且能够获得较准确的分析数据。本书在超声物料输送装置振子的设计上很大一部分依赖于有限元分析软件 ANSYS 对振子的面外弯曲模态进行数值分析。因此，在单元的选择及各种参数的设置上要力求准确，在对振子进行模态分析和结构优化前，有必要做一些准备工作。

表 3.1 给出了振子的材料参数。弹性体的材料为黄铜，黄铜是一种各向同性的材料，对于此种类型的材料有限元分析一般可采用如图 3.3 所示 Solid45、Solid95 两种单元类型。

表 3.1 振子的材料参数

参数	弹性体	压电陶瓷
材料	黄铜	PIC-181
密度	8400 kg/m^3	7850 kg/m^3

续表 3.1

参数	弹性体	压电陶瓷
杨氏模量	1.1×10^{11} Pa	各向异性
泊松比	0.3	—

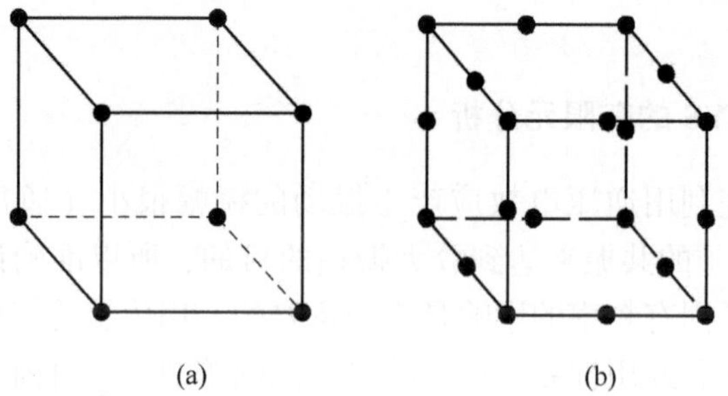

图 3.3　Solid45（a）、Solid95（b）两种单元类型

Solid45 是一种用于实体结构分析的 8 节点 6 面体单元，每个节点具有 3 个自由度（x、y、z 方向）；Solid95 是一种高阶的用于实体结构分析的 20 节点 6 面体单元，同样也是每个节点具有 3 个自由度，但不同的是对于不规则的实体模型，Solid95 具有更高的精度。本书研究的是规则的环形压电振子，所以选用 Solid45 的单元类型。

采用有限元法分析需要对对象进行离散化处理，即划分单元网格。划分网格的方法一般有两种：映射模式和自由模式。本书采用映射模式划分网格。

3.1.3.2　压电陶瓷材料参数

压电陶瓷片是物料输送装置的关键部件，压电元件设计的好坏直接影响到行波型超声物料输送装置性能的好坏。其性能要求很高，要求用“硬性”压电陶瓷材料，即高机械品质因子 Q_m、较小的介质损耗 $\tan\delta$、高功率密度和高机械强度，同时具备“软性”的特点要求，尽可能大的机电耦合系数 K_p 和压电常数，并且应该兼顾时间和温度稳定性。

目前，超声电机及超声物料输送装置主要采用大功率压电陶瓷材料，如 PIC-181（德国）、PZT-5H、PZT-4、PZT-8（美国）、PCM-5、PCM-80、PCM-88（日本）等，我国的 PZT-81 等也具有良好的性能。表 3.2 列出了几种常用的压电陶瓷材料的性能对比。

表 3.2 几种压电陶瓷材料的性能对比

压电陶瓷材料	Q_m	tanδ/%	d_{33}	K_p
PIC-181	2200	—	253×10^{-12}	0.551
PZT-8	1000	0.4	225×10^{-12}	0.56
PZT-5H	3400	2.0	550×10^{-12}	0.65
PCM-5	1950	1.5	423×10^{-12}	0.65
PCM-80	1200	0.5	273×10^{-12}	0.58
PCM-88	1950	0.3	351×10^{-12}	0.56
PZT-81	800	0.5	200×10^{-12}	0.5

本书选用 PZT-81 陶瓷片。对于压电陶瓷材料在有限元分析时选用 Solid5 单元，该单元是一种三维耦合场体单元，具有三维磁场、热场、电场、压电场和结构场分析能力，并能在各场之间实现有限的耦合。Solid45 单元有 8 个节点，每个节点最多有 6 个自由度。当极化方向不同时，各个压电陶瓷片参数矩阵中的各元素有所不同，本书压电陶瓷采用+z 方向极化。

3.1.3.3 振子动态设计

压电振子由带有凸齿的圆环形弹性振子和粘贴在其底部的压电陶瓷环组成，分析时忽略振子金属圆环与压电陶瓷片之间胶接层的影响，把压电振子看作一个具有不同材料的固结体。分别改变振子内外径比 r/R、振子厚度 H、齿高 h_t、齿宽、压电陶瓷片厚度 h_p 等参数，分析不同结构参数对振子动态特性的影响。

A 振子圆环尺寸对模态的影响

振子圆环形状由外半径 R、内半径 r 及厚度 H 决定。首先分析圆环振子内外半径之比 r/R 对振子模态的影响。在其他尺寸不变的情况下，R 取 50 mm，r/R 的取值范围为 0.7~0.9，步长为 0.02 mm，振子固有频率的变化曲线如图 3.4 所示。由图可知，当 r/R 在 0.7~0.9 变化，即圆环宽度逐渐减小时，振子固有频率明显下降。

在振子其他尺寸不变的情况下，振子厚度 H 在 1.5~4.5 mm 变化，调整步长为 0.5 mm，由 ANSYS 软件计算分析知：厚度增加，振子同阶弯曲的振型并不发生改变，振子圆环振动的波长也不发生变化。图 3.5 给出了振子固有频率随振子厚度的变化曲线，随着输送振子厚度的增加，同阶的弯曲模态固有频率也随之增

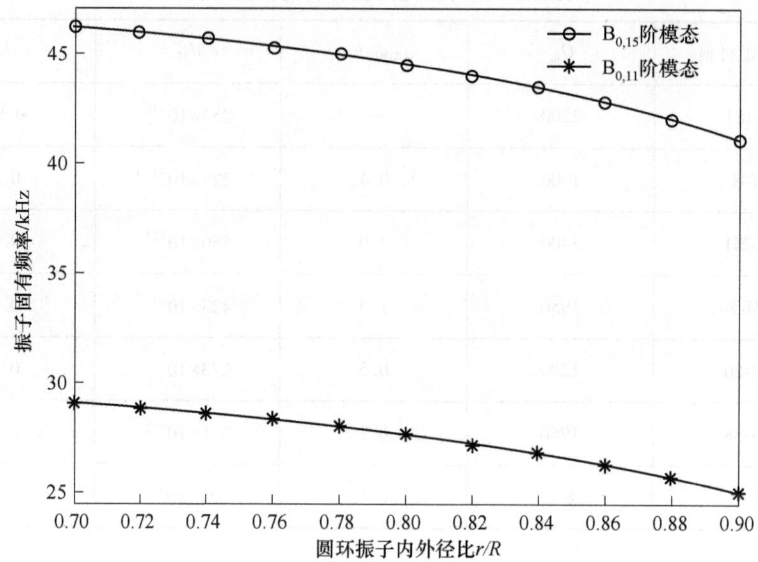

图 3.4　圆环振子内外半径之比 r/R 对振子固有频率的影响

加——基本呈线性上升趋势，因为振子环厚度越大，凸齿相对振子的高度就越小，对振型的影响就越小。

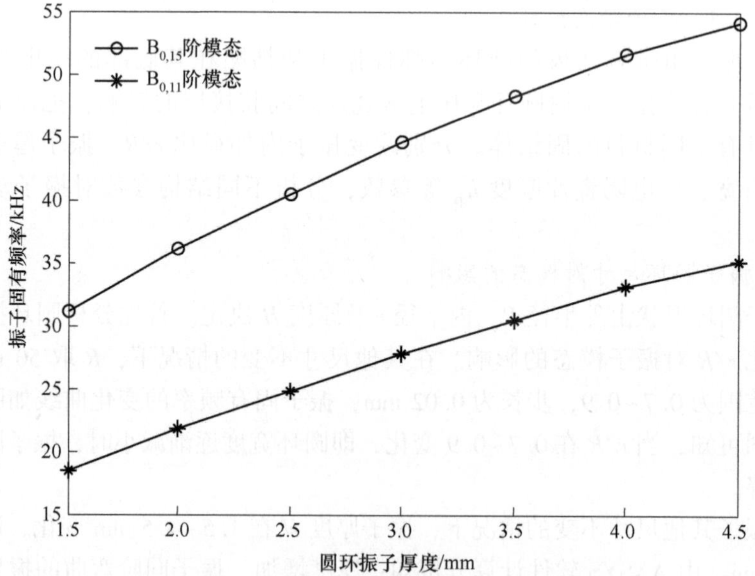

图 3.5　圆环厚度 H 对振子固有频率的影响

B 振子齿对模态的影响

由图 3.1 知振子表面均匀分布着凸齿，其径向长度与对应的圆环宽度相等，这里主要分析振子齿的高度 h_t、宽度尺寸变化对固有频率的影响。

选择齿高的变化范围为 1.5~4.5 mm，步长为 0.5 mm，其他结构参数不变。通过 ANSYS 有限元软件分析得到了振子固有频率随齿高变化的曲线，如图 3.6 所示。随着齿的增高，同阶弯曲模态的固有频率随之下降。并且，在振子弹性体厚度一定的情况下，齿过高，齿自身会出现弯曲现象。

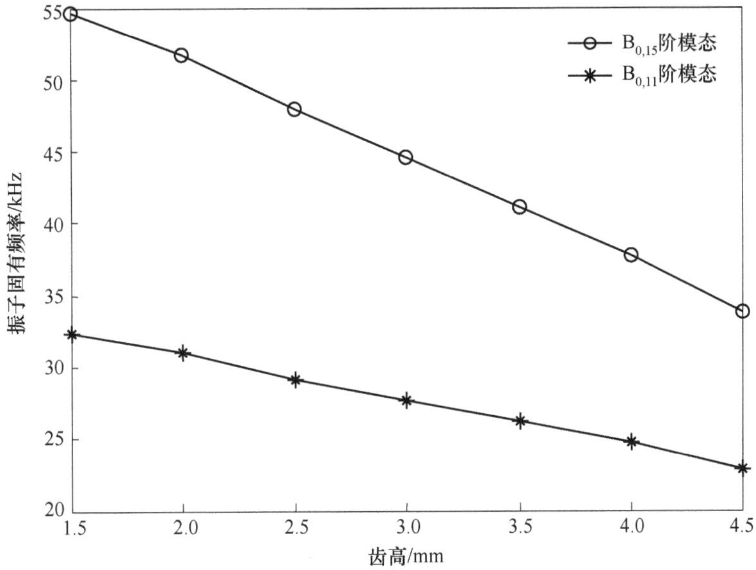

图 3.6 齿高对固有频率的影响

在其他参数不变的前提下，振子齿槽宽度固定为 0.4 mm（对应 100 mm 圆环的圆心角为 0.51°，本书将齿宽定为 0.51°，余后此类情况，不再赘述），由于振子齿的齿数和齿宽是相互关联的，故齿宽的变化等同于振子表面凸齿个数的变化。选择齿数变化范围为 60~120，步长为 10，得到振子固有频率随齿数变化的曲线，如图 3.7 所示，振子固有频率随齿数增多而减小。

C 陶瓷片厚度对模态的影响

振子的其他尺寸参数保持不变，陶瓷片的厚度在 0.5~1.5 mm 范围内变化，步长为 0.1 mm，分析振子 $B_{0,11}$阶、$B_{0,15}$阶模态及对应的固有频率的变化。得到振子固有频率随陶瓷片厚度的变化曲线，如图 3.8 所示。从图 3.8 中可以看出：振子的固有频率随陶瓷片厚度的增加而增大，基本呈线性关系。

D 振子结构尺寸的确定

通过以上分析，利用 ANSYS 有限元软件模拟了不同尺寸参数下振子的弯曲

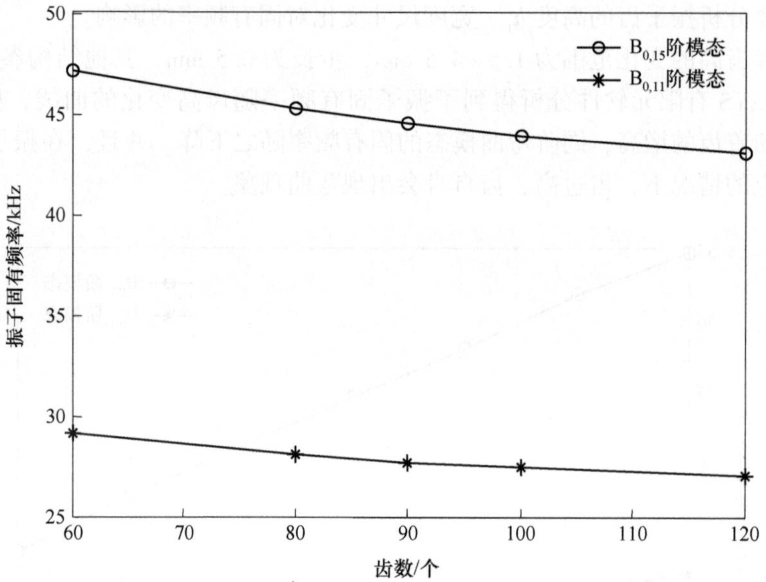

图 3.7 齿数对固有频率的影响

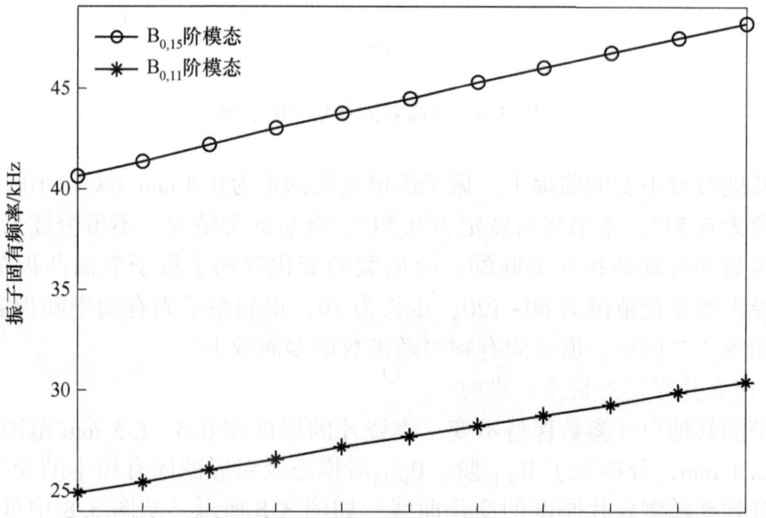

图 3.8 陶瓷片厚度对振子固有频率的影响

模态，并最终确定振子结构的具体尺寸，如表 3.3 所示。

表 3.3 圆环振子的主要结构参数

外径	内径	凸齿个数	齿宽	齿槽宽	陶瓷片厚	基体及齿厚	
						方案 1	方案 2
100 mm	80 mm	90	3.49°	0.51°	1 mm	3 mm/3 mm	4 mm/4 mm

按照表 3.3 的结构参数，试制了行波型超声物料输送装置的 3-3 结构和 4-4 结构压电输送振子。3-3 结构是指圆环振子的厚度与振子表面凸齿的高度均为 3 mm，同理 4-4 振子是指圆环振子厚度与凸齿高度均为 4 mm。两振子陶瓷片的尺寸参数均为 ϕ100 mm ×ϕ80 mm ×1 mm，为薄圆环形状。

振子表面凸齿宽度为 3.49°，对应外环弧长为 3.0456 mm，内径弧长为 2.4361 mm；齿槽宽度 0.51°，对应外环弧长为 0.4451 mm，内径弧长为 0.3560 mm，平均齿宽为 0.4 mm。理论分析时，为了方便利用有限元软件对振子建模，振子表面凸齿结构一般按度数进行定位，得到的齿槽为扇形结构；而实际上，振子表面齿槽是利用厚度为 0.4 mm（齿槽对应内外环弧长的平均值）的铣刀片铣削加工得来的，沿半径方向的齿槽结构均为矩形，这将会影响振子的实际弯曲振动模态。

3.1.4 振子表面质点径向振幅分布

本节将通过有限元分析软件 ANSYS 分别对 3-3 振子和 4-4 振子的 $B_{0,11}$ 阶、$B_{0,15}$ 阶弯曲模态振子表面质点的径向振幅分布规律进行分析。选取弯曲振型波峰位置半径上的节点（Node）为分析对象，对提取到的各节点（Nodes）面外弯曲方向——z 向的振幅分布进行运算。

图 3.9 所示为 3-3 振子的 $B_{0,11}$ 阶弯曲模态 z 向（面外弯曲方向）位移振型云图，选取弯曲振型波峰位置的一条半径，并提取该半径上节点的 z 向位移（每条半径上共 6 个节点），设半径上由里到外（半径为 40 mm 到半径为 50 mm）节点的 z 向振幅分别为 a_1、a_2、a_3、a_4、a_5、a_6。为了方便对不同弯曲模态下振子 z 向振幅分布规律进行比对，并且避免不同放大状态下振幅取值的改变，设 $a_1=1$，则由里到外节点的振幅值变为：1、a_2/a_1、a_3/a_1、a_4/a_1、a_5/a_1、a_6/a_1。

用同样的方法对 3-3 振子的 $B_{0,15}$ 阶弯曲模态以及 4-4 振子的 $B_{0,11}$ 阶、$B_{0,15}$ 阶弯曲模态波峰位置半径上节点的 z 向振幅进行分析，得到图 3.10 所示的振幅分布规律。从图 3.10 中可以看出，在同一半径上，距离圆心位置最近的节点的 z 向位移最小，距离圆心位置越远，即半径 r 越大，节点的 z 向位移越大，与第 2

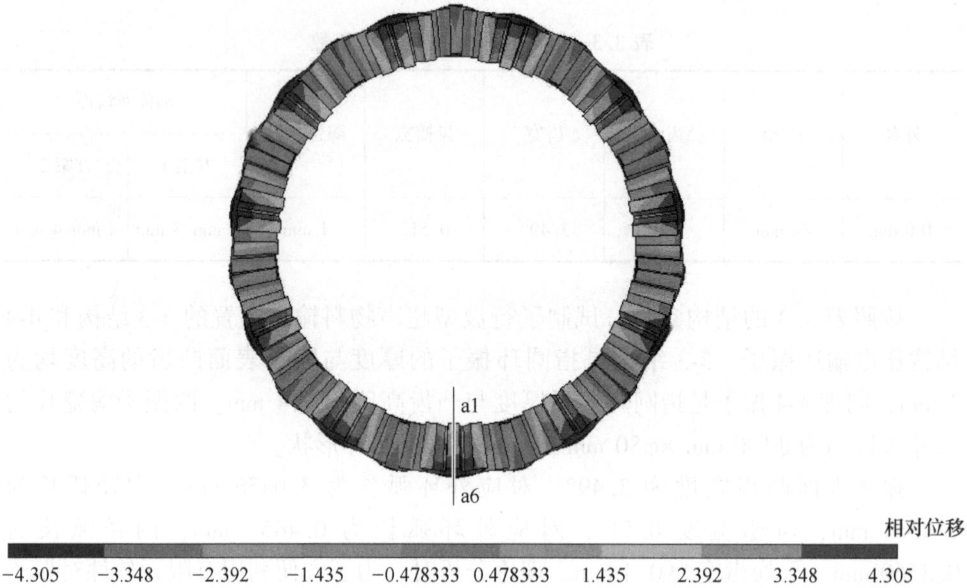

图 3.9　3-3 振子 $B_{0,11}$ 阶弯曲模态 z 向位移振型云图

扫码看彩图

章环形压电振子径向振幅分布理论分析得到的“相同 θ 坐标质点的振幅随极径坐标 r 的增大而增大”分布规律一致。

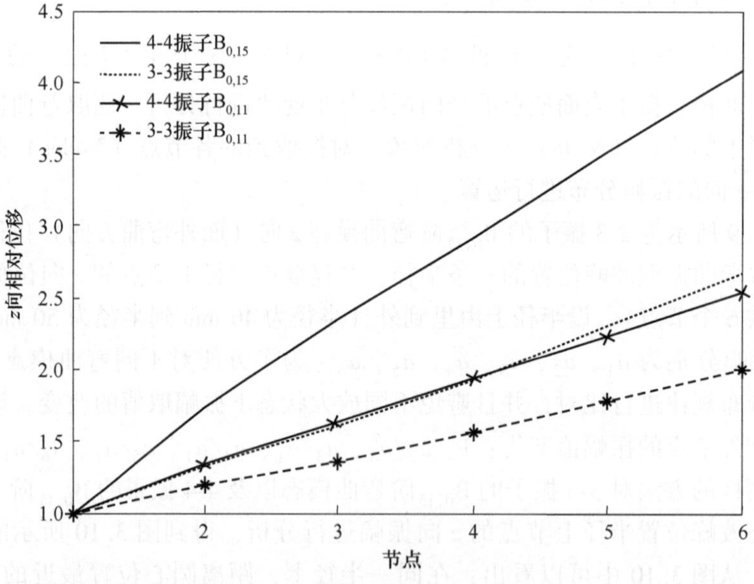

图 3.10　波峰位置节点的振幅分布

本节介绍了振子的结构设计和振型的选择；阐述了有限元法在超声物料输送振子设计中的应用，利用 ANSYS 软件分析了振子结构尺寸变化对振子 $B_{0,11}$、$B_{0,15}$阶弯曲模态及对应频率的影响；并最终确定了 3-3 结构和 4-4 结构输送振子的尺寸。

3.2 输送装置多工作频率的研究

图 2.2 所示为环形压电陶瓷片的分区极化方式，将两相相位差为 π/2 的同频率、等幅交变电压分别施加到压电陶瓷片的 A 区、B 区上，可以激发出压电振子的 $B_{0,11}$阶的行波弯曲振动。在压电陶瓷片的这种单一分区极化方式下，压电输送振子只能在一种工作频率下输送物料。为大范围考察不同振动频率对超声物料输送装置输送速度等特性的影响，本书对环形压电陶瓷片的极化分区方式进行了重新布置，并对不同尺寸压电陶瓷片的不同分区极化方式进行了理论分析。

3.2.1 压电陶瓷片的分区极化

3.2.1.1 直径为 φ200 mm 振子压电陶瓷片的分区极化

最初设计了外环直径为 φ200 mm 的环形压电振子，利用 ANSYS 有限元软件不断对振子的结构尺寸进行优化，最终确定了该振子的尺寸参数（如表 3.4 所示）。表中，齿宽 2.326°对应圆环外环弧长为 4.060 mm，内环弧长为3.654 mm；齿槽宽 0.245°对应圆环外环弧长为 0.428 mm，内环弧长为 0.385 mm。压电陶瓷环的尺寸参数由环形振子的尺寸参数决定，为 φ200 mm×φ180 mm×1 mm，为薄圆环形状。

表 3.4 圆环振子的主要结构参数

外径	内径	振子高度	凸齿个数	齿高	齿宽	齿槽宽	陶瓷片厚度
200 mm	180 mm	5 mm	140 个	5 mm	2.326°	0.245°	1 mm

利用 ANSYS 有限元分析软件对具有表 3.1 结构参数的输送振子进行模态分析，优选振子的 $B_{0,21}$、$B_{0,25}$、$B_{0,29}$面外弯曲振动模态为振子的工作模态，如图 3.11 所示，三模态对应的固有频率分别为 27075 Hz、33221 Hz、38085 Hz。

A 三种工作模态的分区极化

为了使直径为 φ200 mm 的压电振子能够实现三种弯曲模态，本书提出了如图 3.12 所示的压电陶瓷片的分区极化方式。为了便于识别，对压电陶瓷片不同分区进行了编号，编号分别为 A、B、C、D、E、F。图中 $B_{0,21}$、$B_{0,25}$、$B_{0,29}$分别对应圆环振子的 $B_{0,21}$、$B_{0,25}$、$B_{0,29}$阶弯曲模态，对应波长分别为 λ_1、λ_2、λ_3。

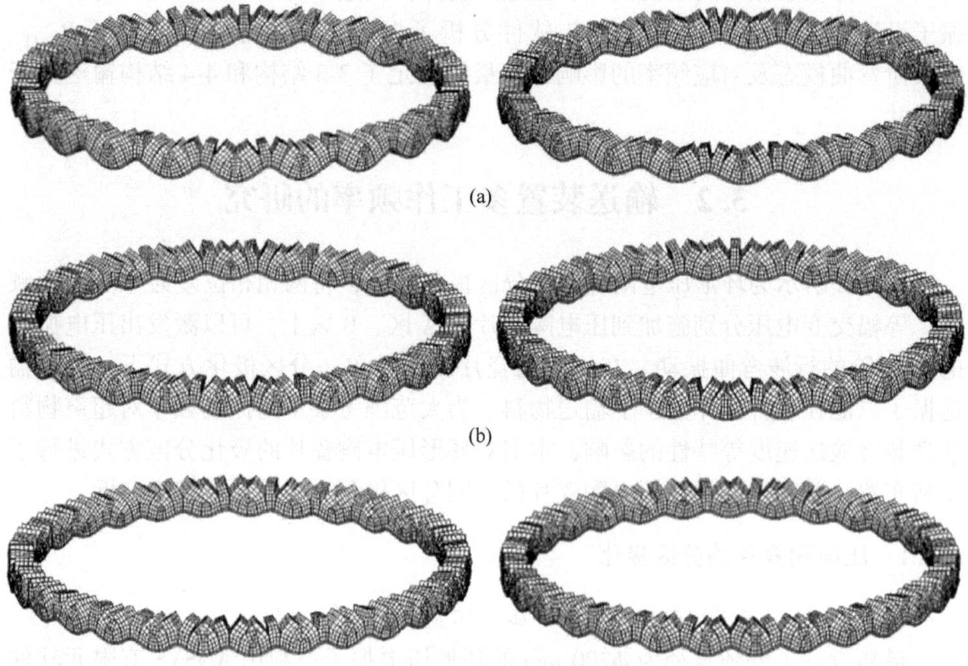

图 3.11　ϕ200 mm 振子的弯曲振型图

（a）$B_{0,21}$（f = 27075 Hz）；（b）$B_{0,25}$（f = 33221 Hz）；（c）$B_{0,29}$（f = 38085 Hz）

其中 $B_{0,21}$阶弯曲模态对应的陶瓷片分区为（6+1/4）λ_1，约为 107. 14°，约占整片陶瓷片的 29. 76%；$B_{0,25}$阶弯曲模态对应的陶瓷片分区为（8+1/4）λ_2，为 118. 8°，占整片陶瓷片的 33%；$B_{0,29}$阶弯曲模态对应的陶瓷片分区为（10+1/4）λ_3，约为 127. 24°，占整片陶瓷片的 35. 35%；环形陶瓷片按图中所示方式分区极化后，会有对应圆心角为 6. 82°的隔离区域，该区域可用作环形压电陶瓷片的传感器区，利用压电陶瓷的正压电效应实时反映振子的振动情况。

$B_{0,21}$阶弯曲模态的波长 λ_1 为圆周上 17. 143°圆心角所对应的弧长（外环弧长为 29. 920 mm，内环弧长为 26. 928 mm），A 区、B 区的 6 片波长为 λ_1 的扇形陶瓷片关于 $\lambda_1/4$ 呈对称分布。用单相交变电压激励 A 区或者 B 区的 3 片波长为 λ_1 的陶瓷片，只能在振子环中激发出单一的 $B_{0,21}$阶驻波弯曲振动；而将两相相位差为 π/2 的同频率、等幅交变电压分别施加到关于 $\lambda_1/4$ 对称的 A 区和 B 区的 6 片波长为 λ_1 的陶瓷片上，就可以在振子环中激发出 $B_{0,21}$阶的行波弯曲振动。

同理，$B_{0,25}$阶弯曲模态的波长 λ_2 为圆周上 14. 4°圆心角所对应的弧长（外环弧长为 25. 133 mm，内环弧长为 22. 619 mm），C 区和 D 区的 8 片波长为 λ_2 的扇形陶瓷片关于 $\lambda_2/4$ 呈对称分布。用单相交变电压激励 C 区或者 D 区的 4 片波

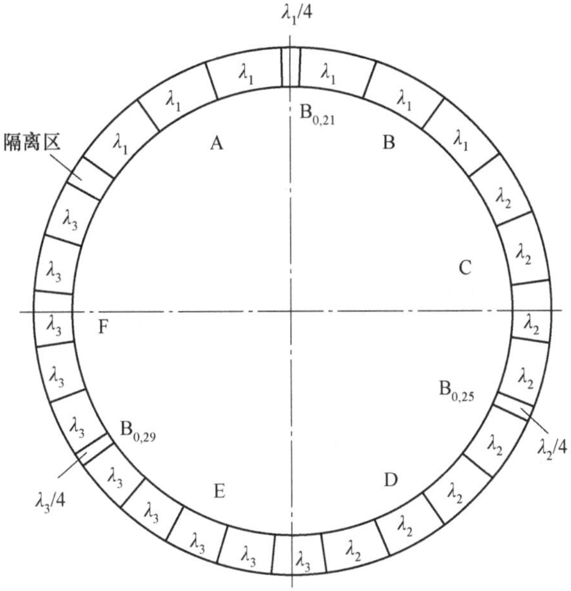

图 3.12　ϕ200 mm 振子的三模态陶瓷片的分区极化

长为 λ_2 的陶瓷片，只能在振子环中激发出单一的 $B_{0,25}$ 阶驻波弯曲振动；而将两相相位差为 $\pi/2$ 的同频率、等幅交变电压分别施加到关于 $\lambda_2/4$ 对称的 A 区和 B 区的 8 片波长为 λ_2 的陶瓷片上，就可以在振子环中激发出 $B_{0,25}$ 阶的行波弯曲振动。

$B_{0,29}$ 阶弯曲模态的波长 λ_3 为圆周上 12.414°圆心角所对应的弧长（外环弧长为 21.666 mm，内环弧长为 19.500 mm），E 区和 F 区的 10 片波长为 λ_3 的扇形陶瓷片关于 $\lambda_3/4$ 呈对称分布。用单相交变电压激励 E 区或者 F 区的 5 片波长为 λ_3 的陶瓷片，只能在振子环中激发出单一的 $B_{0,29}$ 阶驻波弯曲振动；而将两相相位差为 $\pi/2$ 的同频率、等幅交变电压分别施加到关于 $\lambda_3/4$ 对称的 E 区和 F 区的 10 片波长为 λ_3 的陶瓷片上，就可以激发出振子环的 $B_{0,29}$ 阶的行波弯曲振动。

B　两种工作模态的分区极化

考虑到实际工作时有可能因压电陶瓷片的利用率低而不利于环形振子产生理想的弯曲模态，影响输送装置的输出性能，本书放弃了三种工作频率极化方式的陶瓷片。将振子的三种弯曲模态改为了两种——$B_{0,21}$ 和 $B_{0,29}$，并根据这两种弯曲模态对直径为 ϕ200 mm 的环形压电陶瓷片重新进行了分区设计，如图 3.13 所示。其中 $B_{0,21}$ 阶弯曲模态对应的陶瓷片分区为 $(10+1/4)\lambda_1$，约为 175.72°，约占整片陶瓷片的 48.81%，A 区和 B 区的 10 片波长为 λ_1 的扇形陶瓷片关于 $\lambda_1/4$ 呈对称分布，波长与三种工作模态时的 $B_{0,21}$ 阶波长相等；$B_{0,29}$ 阶弯曲模态对应

的陶瓷片分区为 $(14+1/4)\lambda_2$，约为 176.90°，占整片陶瓷片的 49.14%，C 区和 D 区的 14 片波长为 λ_2 的扇形陶瓷片关于 $\lambda_2/4$ 呈对称分布，其波长与三种模态时的 $B_{0,29}$ 阶波长相等。

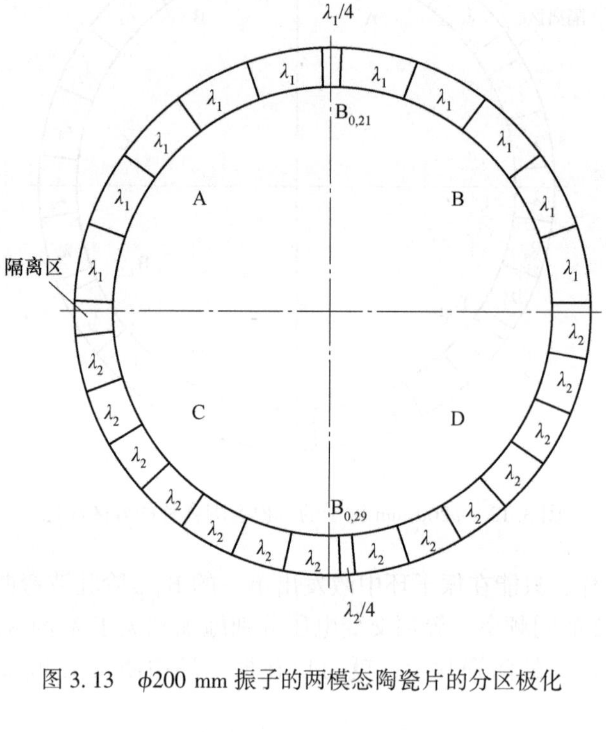

图 3.13　ϕ200 mm 振子的两模态陶瓷片的分区极化

图 3.13 所示为陶瓷片的工作原理，与图 3.12 所示的三种工作模态陶瓷片分区极化方式工作原理相同。单独激励各分区陶瓷片只能激励出振子的驻波弯曲振动，当将两相相位差为 π/2 的同频率、等幅交变电压分别施加到 A 区和 B 区或者是 C 区和 D 区压电陶瓷片上便可激励出压电振子的 $B_{0,21}$ 阶或 $B_{0,29}$ 阶行波弯曲振动。

3.2.1.2　直径为 ϕ100 mm 振子压电陶瓷片的分区极化

通过一系列的理论分析可知，ϕ200 mm 压电陶瓷环的两种工作频率分区极化方式完全可以激励出压电输送振子 $B_{0,21}$、$B_{0,29}$ 阶理想弯曲模态。考虑到实际加工成本的限制，本书所研制的超声物料输送装置的压电陶瓷环直径尺寸最终确定为 ϕ100 mm。并对该尺寸的陶瓷环进行了分区，如图 3.14 所示。

图 3.14 中 $B_{0,11}$ 阶弯曲模态对应的陶瓷片分区为 $(6+1/4)\lambda_1$，约为 204.55°，占整个陶瓷环的 56.82%，其波长 λ_1 为圆周上 32.73°圆心角所对应的弧长（外环弧长为 28.56 mm，内环弧长为 22.85 mm），A 区和 B 区的 6 片波长为 λ_1 的扇形陶瓷片关于 $\lambda_1/4$ 呈对称分布；$B_{0,15}$ 阶弯曲模态对应的陶瓷片分区为 $(6+1/4)\lambda_2$，

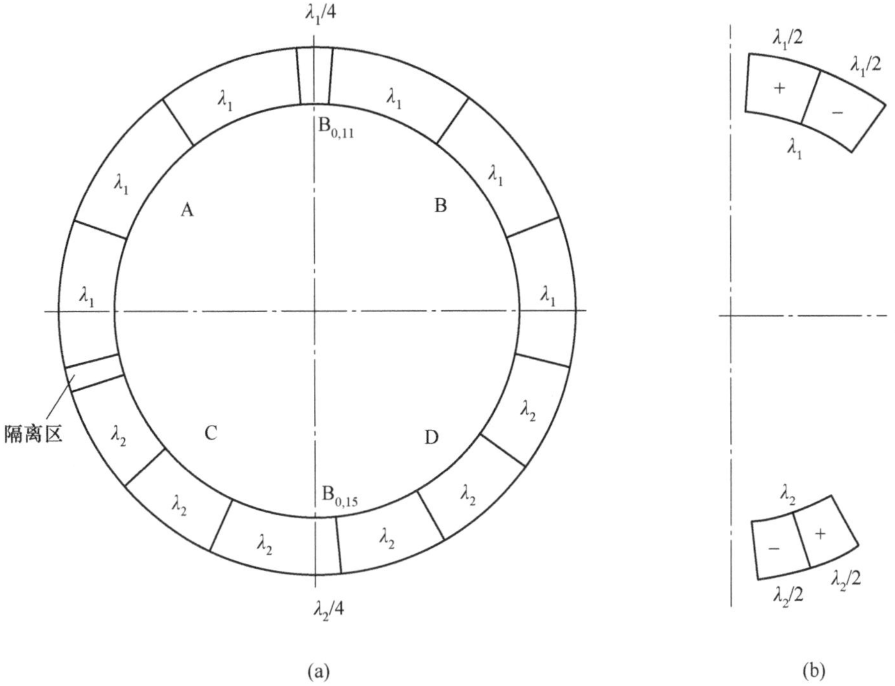

图 3.14 ϕ100 mm 振子的压片陶瓷环的分区极化
（a）整片压电陶瓷片极化方式；（b）一个波长内陶瓷片的极化方式

为 150°，占整个陶瓷环的 41.67%，其波长 λ_2 为圆周上 24°圆心角所对应的弧长（外环弧长为 20.94 mm，内环弧长为 16.76 mm），C 区和 D 区的 6 片波长为 λ_2 的扇形陶瓷片关于 $\lambda_2/4$ 对称分布；按图 3.14 中所示方式进行分区后，环形压电陶瓷片上会有 5.60°的隔离区域，该区域连同 $\lambda_1/4$、$\lambda_2/4$ 对应的间隔区域，被用作压电振子的弹性支撑区。

用单相交变电压单独激励关于 $\lambda_1/4$ 对称的 A 区或 B 区的 3 片波长为 λ_1 陶瓷片，可得到振子的 $B_{0,11}$阶驻波弯曲振动。用振幅相等、时间和空间相差 $\pi/2$ 的两相交变电压同时激励 A 区和 B 区的 6 片波长为 λ_1 的压电陶瓷片便可激励出振子的 $B_{0,11}$阶的行波弯曲振动。同理，用单相交变电压单独激励关于 $\lambda_2/4$ 对称的 C 区或 D 区的 3 片波长为 λ_2 陶瓷片，可得到振子的 $B_{0,15}$阶驻波弯曲振动。用振幅相等、时间和空间相差 $\pi/2$ 的两相交变电压同时激励 C 区和 D 区的 6 片波长为 λ_2 的压电陶瓷片便可激励出振子的 $B_{0,15}$阶的行波弯曲振动。

经过 ANSYS 有限元分析软件计算，本书所设计的 3-3 压电输送振子的 $B_{0,11}$阶、$B_{0,15}$阶工作频率分别为 27679 Hz、44519 Hz；4-4 压电输送振子的 $B_{0,11}$阶、$B_{0,15}$阶工作频率分别为 29540 Hz、43278 Hz，其弯曲模态如图 3.15 所示。

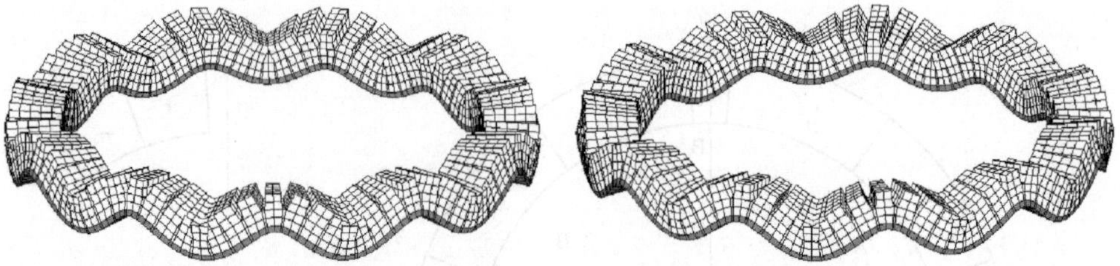

(a)

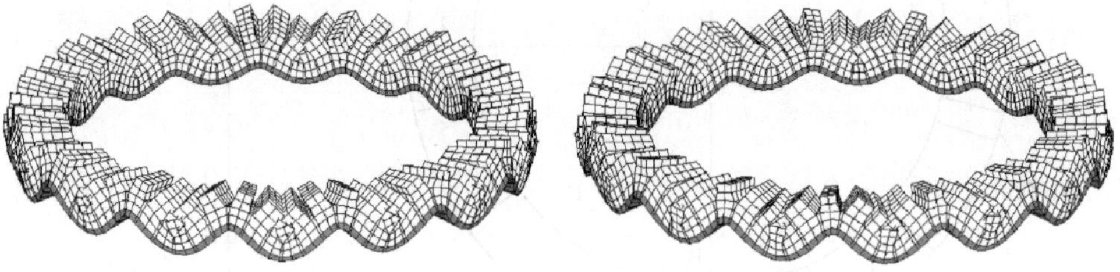

(b)

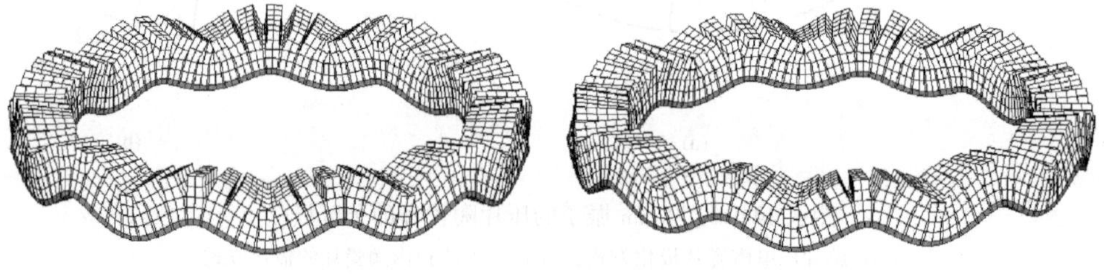

(c)

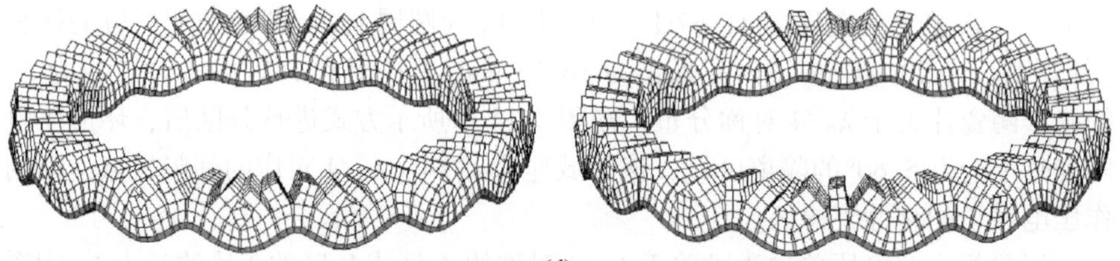

(d)

图 3. 15　振子环的弯曲振动

（a）3-3 振子，$B_{0,11}$（f=27679 Hz）；（b）3-3 振子，$B_{0,15}$（f=44519 Hz）；
（c）4-4 振子，$B_{0,11}$（f=29540 Hz）；（d）4-4 振子，$B_{0,15}$（f=43278 Hz）

3. 2. 2　陶瓷片的材料选取和制作

综合考虑压电材料的介电常数、机电耦合系数、机械品质因数和压电常数等多项性能参数，最终选用了 PZT-81 型材料作为本装置的压电陶瓷，其规格为 ϕ100 mm×ϕ80 mm×1 mm，为薄圆环形状。

图 3.16 所示为按图 3.14 所示分区极化方式实际加工出的直径为 ϕ100 mm 的环形压电陶瓷片。

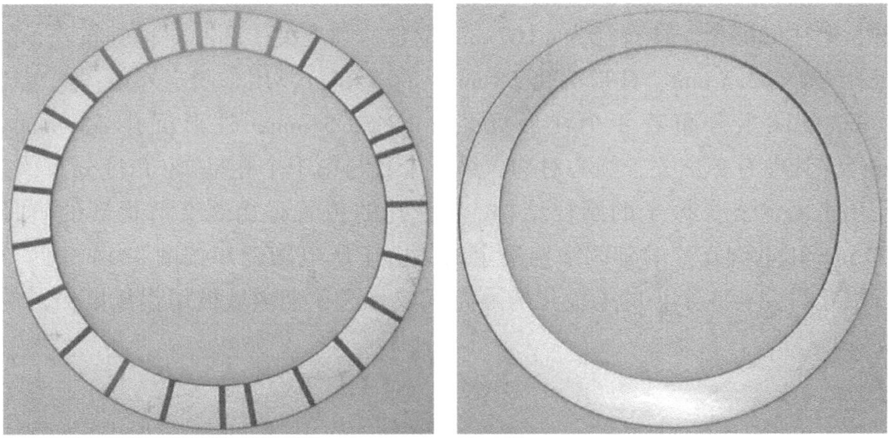

(a)　　(b)

图 3.16　实际加工的压电陶瓷片

(a) 正面；(b) 反面

本节针对超声物料输送装置的变频工作原理，分别对直径为 ϕ200 mm、ϕ100 mm 的环形压电陶瓷片的分区极化方式进行了设计，综合考虑现有的压电陶瓷片的成本因素，最终选择并制作了具有两种弯曲模态的直径为 ϕ100 mm 的环形压电陶瓷片。

3.3　输送性能测试系统的设计

本书设计的超声物料输送装置主要由以下几部分构成：压电输送振子、底座、外环、支撑部分、传感器固定支架以及其他实验设备。作为一个整机的设计，要求对各个零件的加工精度严格控制，如表面粗糙度、对称度等，既能保证外形的美观又能保证安装精度。

3.3.1　输送装置底座及外围设备的设计

3.3.1.1　底座的设计

输送装置的底座起到支撑整机和减震的作用，底座可供选择的加工材料有很多种，不同材料底座的成型方法不同。由于整个机体的所有零件都是通过底座组装起来的，底座材料的选择及其成型方法对整机的性能有很大影响。考虑到输送装置工作时的可观察性和整个装置的美观性，底座的加工材料原定为有机玻璃，但考虑到实际加工时有机玻璃材料不易装卡并且容易发生变形，底座材料最终确定为硬铝。

图 3.17 所示为输送装置底座的结构简图，从图中可以看出，振子底座上布置着 5 个柱形沉孔。在直径为 ϕ107 mm 位置的圆上关于圆心对称分布着 2 个柱形沉孔（2×ϕ2.5 mm，柱形沉孔 ϕ8 mm，深 4 mm），用来固定外环；在直径为 ϕ90 mm 的圆上分布着 3 个柱形沉孔（3×ϕ2.5 mm，柱形沉孔 ϕ8 mm，深 4 mm），其中有 2 个关于圆心对称，第 3 个孔与第 1 个孔呈 78°角度分布，这 3 个孔用来固定支撑振子的圆柱结构。3 个孔的位置是由 3.2 节提到的直径为 ϕ100 mm 压电陶瓷片的分区结构确定的，由于压电陶瓷片按图 3.14 分区方式进行极化后会有 3 个小的未极化的隔离区域，这 3 个区域被用作压电振子的弹性支撑区。

图 3.17　输送装置底座的结构

压电振子在工作过程中会不断地释放热量，故在直径为 ϕ90 mm 的圆上设置了 9×ϕ10 mm 的光孔结构，在振子侧壁上也设置了 7×ϕ8 mm 的光孔结构，底部的 9×ϕ10 mm 的光孔还可以用来引出压电陶瓷片的焊接线以及振子的接地线。

3.3.1.2　外环结构设计

在振子的环形结构设计时已经指出，物料在环形输送振子表面的运行轨迹为圆弧线，离心力等因素对物料输送过程将产生额外作用——在离心力的作用下，物料容易脱离振子表面，导致不能很好地检测振子的输送性能。

本节利用硬铝材料设计并加工了输送装置的外环结构，如图 3.18 所示，其作用是保证物料在旋转时不会脱离轨道，进而保证输送装置工作的连续性。圆环通过螺钉固定到底座上（圆环底部关于圆心对称分布着两个螺纹孔）。

假设输送装置所传输的物料（试件）的基本尺寸为 ϕ8 mm×10 mm，试件材料分别为黄铜、钢、硬铝，具体参数值如表 3.5 所示。

图 3.18 输送装置外环结构

表 3.5 不同材料试件的参数

材料	密度/(kg·m^{-3})	与硬铝的摩擦系数 μ	体积/m^3	质量/kg
黄铜	8.40×10^3	0.27	5.02×10^{-7}	4.22×10^{-3}
钢	7.80×10^3	0.17		3.92×10^{-3}
硬铝	2.70×10^3	1.40		1.36×10^{-3}

假设输送装置的半径为 r，由物理学知识知，作圆周运动的物体所受的向心力为：

$$F_{向} = m\frac{v^2}{r} \tag{3.1}$$

式中 v——做圆周运动物体的线速度：

$$v = \frac{s}{t} = \frac{2\pi \cdot r}{t} = \frac{2\pi \cdot r}{T} = 2\pi rf$$

T——物体运动一周所用的时间，$f = \frac{1}{T} = n$（圆周运动的转速 n 与频率 f 意义相同）。

由于物体所受的向心力与离心力为作用力与反作用力，故可得：

$$F_{离} = F_{向} = m\frac{v^2}{r} \tag{3.2}$$

物料与输送装置外环之间的摩擦力为：

$$f_{摩} = \mu N = \mu F_{离} \tag{3.3}$$

当输送装置的半径、输送速度均在改变时（半径的变化范围为 30~100 mm，输送速度的变化范围为 60~200 mm/s），得到黄铜试件所受离心力随半径、速度的变化曲线，如图 3.19 所示。当半径尺寸固定时，试件所受离心力随输送速度的增大而增大；当输送速度固定时，试件所受离心力随半径的增大而减小。

通过式（3.1）分析讨论输送装置的输送速度、半径，以及物料转动频率之

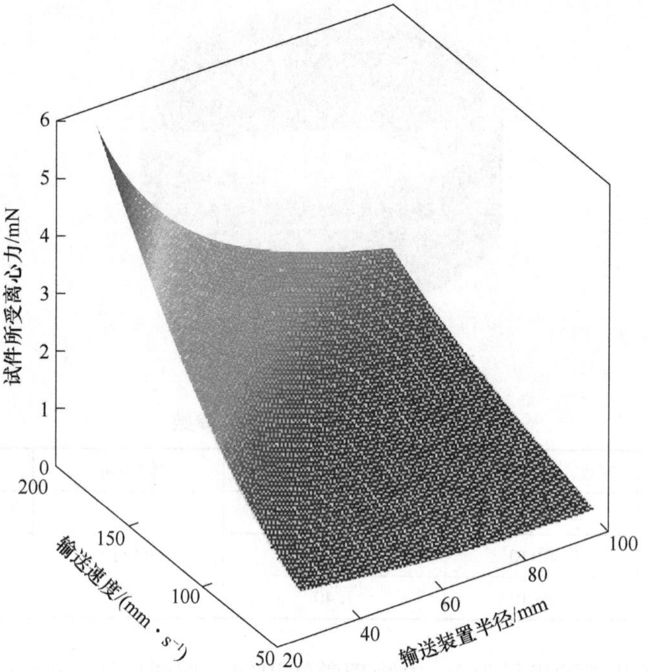

图 3.19　黄铜试件所受离心力

间的关系，如图 3.20 所示。从图 3.20 中可以看出，当输送速度固定时，圆环振子的尺寸越大，物料的转动频率就越低。

输送装置在输送不同材料的物料时，由于物料与外环材料的摩擦系数不同，外环所受的摩擦力、磨损程度均会有所差异。图 3.21 给出了黄铜、不锈钢以及硬铝三种材料试件（体积相等）所受的离心力以及试件与外环之间的摩擦力随输送振子输送速度改变的分布曲线。从图中可以看出，输送装置的输送速度及所输送物料的体积一定时，铜试件所受离心力最大，铝试件最小，但是铝试件与外环的摩擦力最大。

3.3.2　振子的弹性支撑设计

目前，输送装置中压电振子的支撑常采用弹性金属支撑，但支撑位置及材料属性对其振动模态及相应固有频率会产生较大的影响，为此本书提出一种新的支撑方式——弹性橡胶支撑。文献［57］对直梁式压电振子无支撑、橡胶弹性支撑和金属弹性支撑进行了有限元分析与实验测试，结果表明：橡胶弹性支撑对压电振子无支撑时的同阶弯曲模态几乎没有影响；当橡胶弹性支撑的厚度大于 1 mm 时，压电振子的弯曲固有频率与无支撑的同阶固有频率影响偏差很小；压电振子橡胶弹性支撑位置对振子的固有频率影响很小，因此，压电振动输送装置

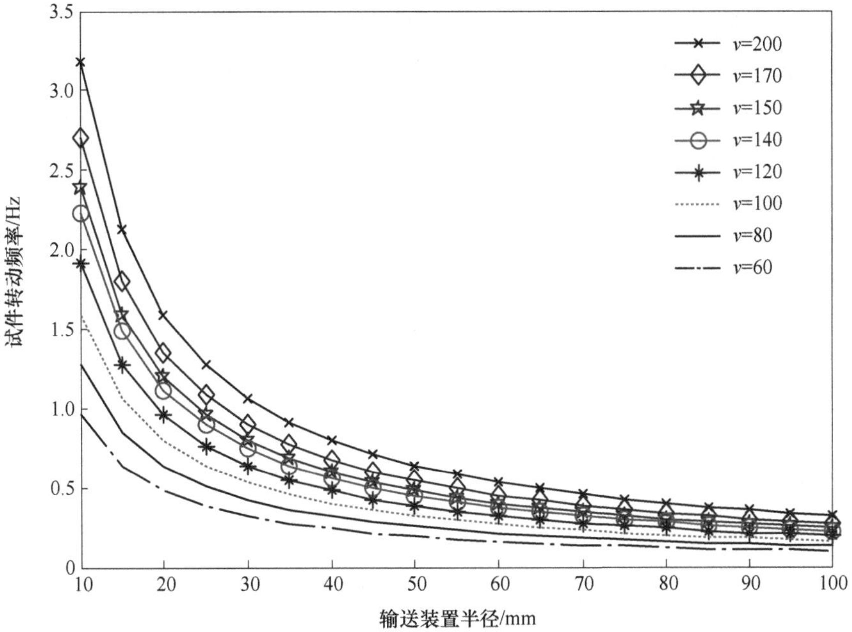

图 3.20 转动频率和半径的关系曲线

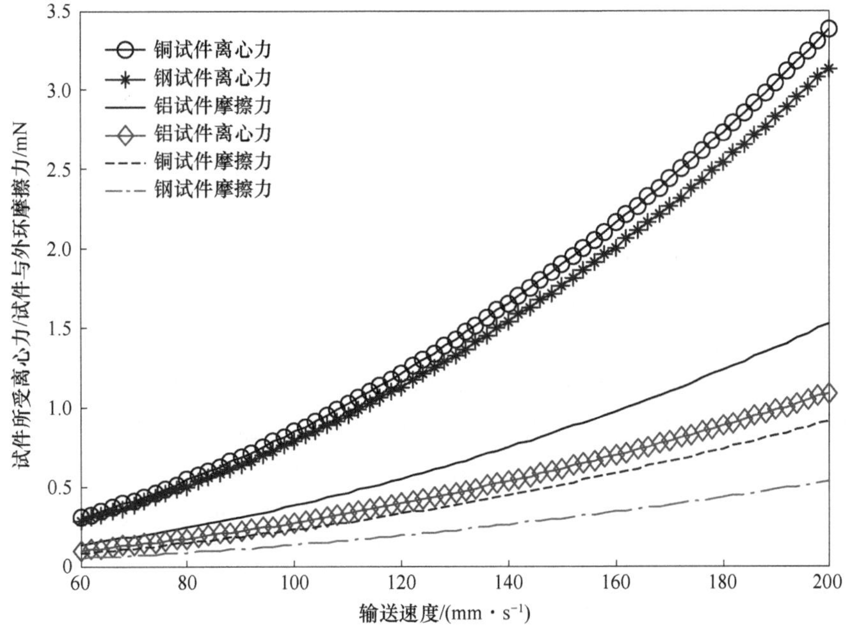

图 3.21 不同材料物料所受离心力以及外环所受摩擦力分布图

如用橡胶弹性支撑，其支撑位置可不作设计变量考虑。本书选取橡胶支撑片的厚度为 2 mm，粘贴位置选择图 3. 14 所示压电陶瓷片的三块未极化的隔离区域。

压电振子通过圆柱支撑联接到输送装置底座上，即将弹性橡胶片下部粘贴到三个直径为 ϕ7 mm 的圆柱的上端面，圆柱下端面中心位置设计了 M2 的螺纹孔，孔深为 8 mm。支撑振子的圆柱与图 3. 17 所示直径为 ϕ90 mm 圆上的柱形沉孔通过螺钉联接从而将振子固定到输送装置底座上，如图 3. 22（a）所示。由于输送装置两输送振子的尺寸结构不同，故用来固定振子的圆柱的高度也不相同：用来支撑 3-3 振子的圆柱高度为 15 mm，用来支撑 4-4 振子的圆柱高度为 13 mm。固定到输送装置底座上的振子结构如图 3. 22（b）所示。

图 3. 22　固定到底座上的振子结构

3. 3. 3　传感器的工作原理及固定结构设计

通常采用秒表计时的方法得到一定距离内物料运动所需时间，进而求取物料运动的速度，即输送装置的输送速度。这种测试方式得到的试验结果一般误差较大，为了使测试结果更精确，本书对试验测试系统进行了改进，探索了利用对射式光纤传感器对输送装置输送性能进行测试的试验方法。

3. 3. 3. 1　光纤传感器的工作原理

光纤传感器由光源、传输光纤（包括入射光纤和出射光纤）、光调制器、光探测器及解调器组成，光纤传感器的结构框图如图 3. 23 所示。其基本原理是将光源的光经入射光纤送入调制区，光在调制区内与外界被测参数（温度、压力、加速度、电场、磁场等）相互作用，使光的特征参量（振幅、波长、频率、相位、偏振态等）发生变化而成为被调制的信号光，再经出射光纤送入光探测器和解调器从而获得被测参量的参数。

光纤传感器按传感原理可分为两类：一类是传光型（或称非功能型）传感器；另一类是传感型（或称功能型）传感器。在传光型光纤传感器中，光纤仅

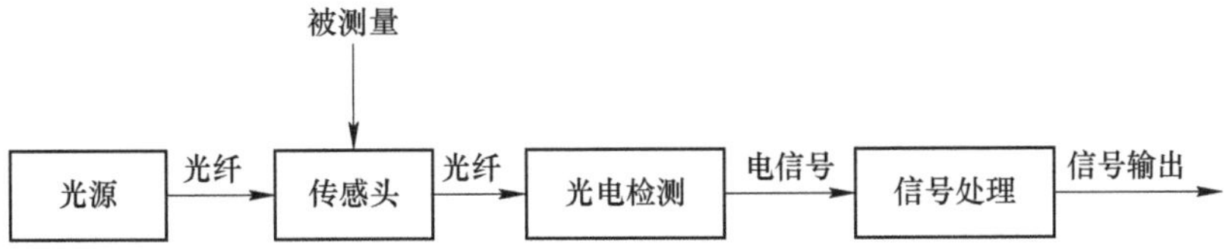

图 3.23 光纤传感器结构框图

作为光的传输媒质，对被测信号的感觉则是靠其他光学敏感元件来完成的，这种传感器中出射光纤和入射光纤是不连续的，两者之间的调制器是感应光谱变化的敏感元件或其他性质的敏感元件。在传感型光纤传感器中，光纤对被测信号兼有敏感和传输的作用，即它具有将信号的“感”和“传”合而为一的特点，因此，这类传感器中的光纤是连续的。

与其他常规传感器相比，光纤传感器具有以下优点：

(1) 高灵敏度。例如目前用的 Mach-Zehnder 光纤干涉仪，能检测 0.1 μrad 的相位差，若光源的波长为 1 μm，相当于 10^{-14} m 光程差。即采用干涉型光纤传感器可测非常小的物理量。

(2) 抗电磁干扰。一般电磁辐射频率比光波频率低得多，所以在光纤中传播的光不受一般电磁噪声的影响，此外光纤中的渐衰场只限于在包层中离纤芯数微米处，而通常光纤包层都在 10 μm 以上，因此在多芯光缆中纤芯间具有良好的抗电磁串音性能。

(3) 电绝缘性和化学稳定性。光纤本身是一种化学性能稳定的高绝缘物质，且敏感元件可以做成电绝缘和电无源元件。因此光纤传感器不仅化学稳定性好，而且电绝缘性能也高，特别适用于电力工业和化学工业中需要高压隔离和易燃易爆的恶劣环境。

(4) 良好的安全性。光纤传感器的敏感元件是电无源的，故在生物体内测量时，不存在漏电和电击的危险。

此外光纤损耗小、频带宽，具有高的数据传输率，并且具有几何形状灵活、易于远距离监控和多功能传感等优点，使得它在地质探矿、石油勘探、地震波检测、军事制导等领域有着极为重要的应用。

3.3.3.2 传感器的对射式检测模式

对射式检测模式是最早使用的一种光电检测模式，对射式检测方式的发射器和接收器相互对射安装，发射器的光直接对准接收器。当被测物挡住光束时，传感器输出产生变化以指示被测物被检测到，如图 3.24 所示。

(1) 光路对准。光路对准可使最大数量的发射光到达接收器，发射光要位于接收区域的中央位置。当发射器为可见光时，为使光路对准方便，在接收器镜

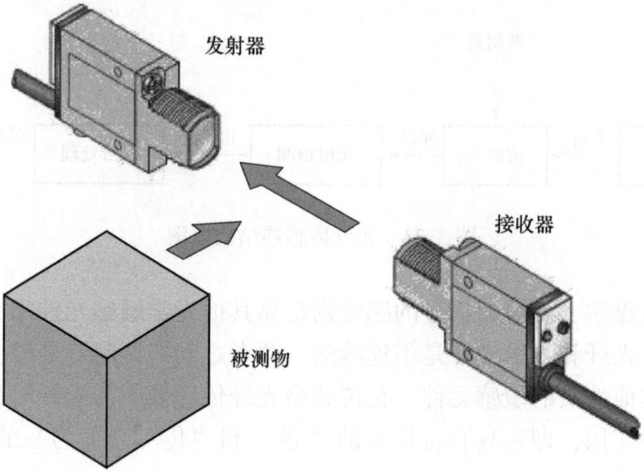

图 3. 24　对射式检测模式

头的正前方放一浅色的标定物，通过观察照在标定物上的光斑来调整发射器位置。将标定物移开，观察传感器上的过量增益指示灯，细调发射器和接收器的位置以达到最佳的对准位置。

(2) 检测距离。检测距离是传感器一个很重要的参数。对于对射式传感器，此参数是指传感器的发射器与接收器之间的最大距离。有效光束是指发射的所有光束中起作用的那部分，为可靠检测物体，此部分光必须被全部遮挡。对射式检测模式的有效光束，可将其比喻为连接发射器镜头（或超声波变送器）与接收器镜头（或变送器）的一个杆，如图 3. 25 所示，如果发射器和接收器的镜头大小不一样，则此杆会变成锥形。有效光束与发射器发射的光束或接收器的可接收区域是不一样的。

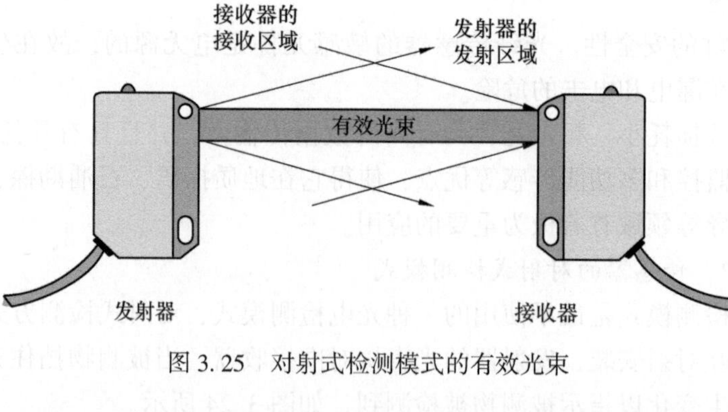

图 3. 25　对射式检测模式的有效光束

对于普通的对射式光电传感器，在检测小的部件或进行精确定位时，其有效光束可能会太大以致不能进行可靠检测。在这种情况下，可以给传感器加装光缝来减小有效光束的尺寸，如图 3.26 所示。在选择光缝材料时，要注意有些非金属材料可能会被高能的调制光穿透。

图 3.26 光缝结构

安装光缝会减小通过镜头的光的能量（光缝越小，通过的光就越少）。矩形光缝与同尺寸的圆孔形光缝相比，其镜头接收光的区域较大。因此，如果被测物通过光束的方向是一定的，则优先选用矩形光缝（如边沿检测）。如果小的被测物通过光束的方向不是固定的，则优先选用圆形光缝。如果被测物在通过时总是非常靠近发射器或接收器，则仅需安装一个光缝即可。其有效光束尺寸在有光缝的一端为光缝上孔的尺寸，在未安装光缝的一端为镜头的尺寸。

在使用对射式传感器检测小物体时，一方面要保证有效光束的尺寸必须小于被测物的最小尺寸，同时要使镜头保留尽可能大的可视区域，以保证足够的检测距离。此时的最佳选择就是使用光纤传感器，因为光纤检测头的出光孔有多种形状和尺寸，以适用于不同的被测物。

3.3.3.3 传感器固定支架的结构设计

由于对射式光纤传感器的发射器和接收器需要对射安装，为了使发射器和接收器比较容易地达到最佳的对准位置，本书设计加工了传感器的安装支架（支架材料为硬铝），如图 3.27 所示。

在支架的两侧面上设计了四个螺纹孔结构（4×M4），其中，上部的两个螺纹孔为位于同一中心轴线上的通孔，用来固定传感器的发射器和接收器；右侧面下部的两个螺纹孔用来固定传感器支架。传感器支架通过螺钉压紧在输送槽的内外壁上，发射器和接收器的水平高度可事先旋松螺钉予以调节。为了节省空间同时避免螺钉对传感器光头（发射器或者接收器）的影响，一般采用紧定螺钉来对传感器支架进行固定。支架顶部开有宽度为 8 mm、深度为 13 mm 的槽形结构，此结构有利于观察物料在通过传感器时的转动情况。

从图 3.17 和图 3.18 可以看出，在输送装置的底座和外环顶部均开有宽度为

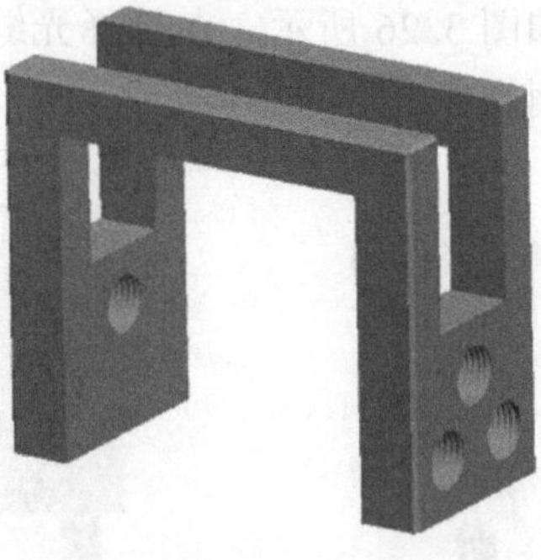

图 3. 27　传感器支架结构图

4 mm、深度为 12 mm 的槽形结构，对输送装置的输送性能进行检测时，应使传感器支架上部的两个通孔对准输送装置底座以及外环的槽形结构，保证接收器接收到发射器发出的最大尺寸的有效光束，输送装置的装配图如图 3. 28 所示。另外，圆环振子与输送槽的内外壁有不到 1 mm 的间隙，这样可以保证振子的自由弯曲振动不受底座等其他附属装置的影响。

图 3. 28　输送装置装配图

3. 3. 4　单片机计时系统的设计

单片机是整个计时电路的核心器件，因此在硬件设计时首先要考虑单片机的选择，然后再确定与之配套的外围芯片。考虑到字长、寻址能力、指令系统、执行速度、中断能力以及市场对该种单片机的软、硬件支持状况等，本系统选用 ATMEL 新型 AT89S52 系列单片机。AT89S52 是一种低功耗、高性能 CMOS8 位微控制器，具有 8K 在系统可编程 Flash 存储器。与之配套的外围芯片为 HD7279 A 串行接口 8 位 LED 数码管及 64 键键盘智能控制芯片。

为了配合输送装置性能测试的需要，本书还专门设计了一套单片机计时系统。单片机计时系统的主程序流程图如图 3. 29 所示。

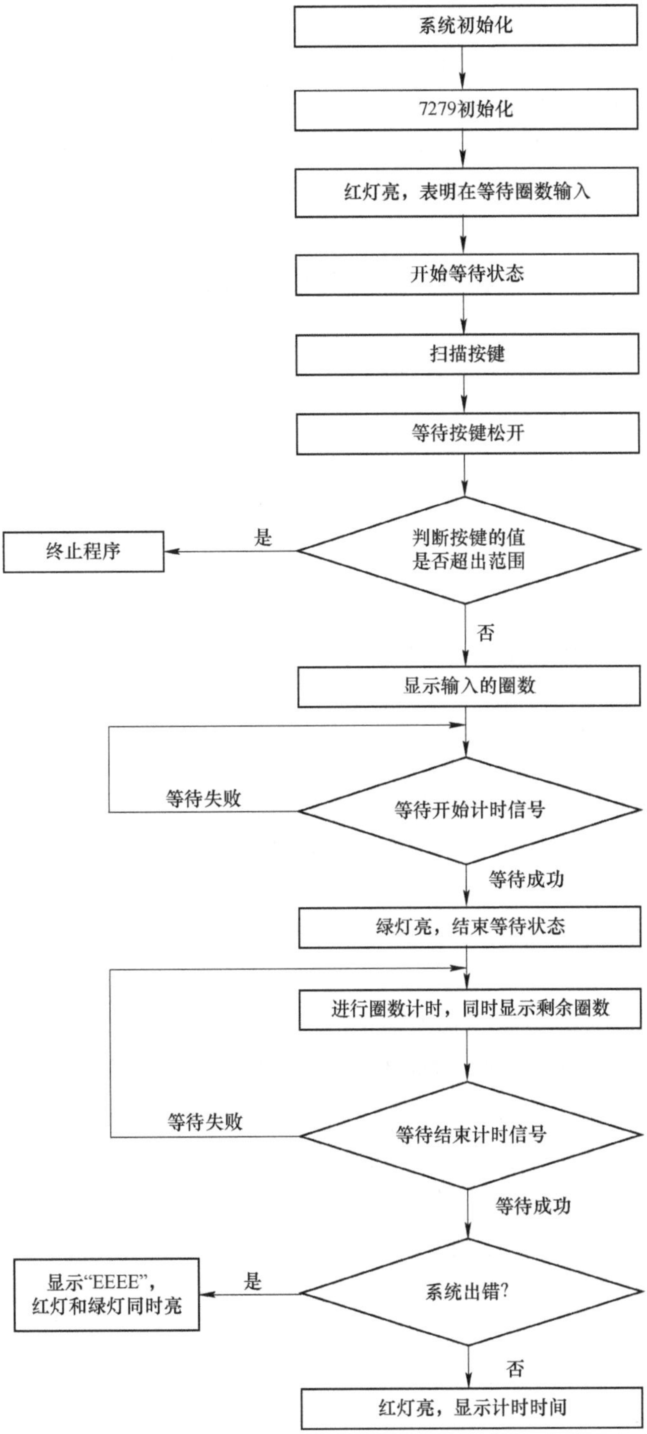

图 3.29　单片机计时系统主程序流程图

本节对超声物料输送装置测试系统（包括输送装置的底座、外环、传感器支架等）进行了设计；同时对光纤传感器的理论知识包括传感器的特点、分类、工作原理以及传感器的对射式检测模式等进行了详细介绍；提出了利用对射式数字光纤传感器进行试验测试的试验方案；最后为配合输送装置试验测试的需要，设计了一套单片机计时系统，为测试结果的准确、可靠提供了保障。

3.4 试验测试与分析

前面几节从理论上分析了振子的工作原理，利用有限元分析软件对输送装置的振子结构进行了优化，确定了振子的结构和振型，设计并制作了超声物料输送装置的试验样机。但是，由于材料的实际参数与理论参数存在差异以及振子的加工误差、陶瓷片的粘贴等因素，造成了理论分析值与实际值之间存在差异。本节对试验样机的振型、模态，以及输送性能进行了测试，并根据测试结果分析讨论了驱动电压、工作频率以及振幅等主要因素对输送速率的影响规律。

3.4.1 输送振子的模态测试与分析

3.4.1.1 试验设备及测试原理

（1）试验设备：

1）AFG320 任意波形发生器（Tektronix）；

2）丹麦 B&K 公司生产的功率放大器（Power Amplifier 2713）；

3）德国 Polytec 公司生产的激光测振仪；

4）DSO6014A（Agilent 6000）高频数字存储示波器。

（2）测试原理。

图 3.30 所示为输送振子模态测试的信号流程图。首先由信号发生器产生正弦或余弦信号，经由功率放大器将信号电压放大到合适的值（由数字示波器对所加信号的电压进行监控），加载到振子压电陶瓷片上，振子的响应信号由激光测振仪接收，并由示波器显示出响应信号的振动曲线，通过调节信号发生器的频率，同时观察示波器波形的变化，找出振子的谐振频率。

激光测振仪的光束采集到的信号，经示波器显示出振动频率以及振动的振幅峰-峰值，但峰-峰值以电压形式给出，需要进行转换才能得出振动幅值 A(μm)，其转换公式为：

$$A = \frac{K \cdot V}{4\pi f} \tag{3.4}$$

式中 K——激光测振仪设定系数，速度与电压比，试验中设定为 25 mm/(s·V)；

V——示波器读取的振幅峰-峰值，以电压形式输出，V；

f——谐振频率，即由数字示波器显示的信号频率，kHz。

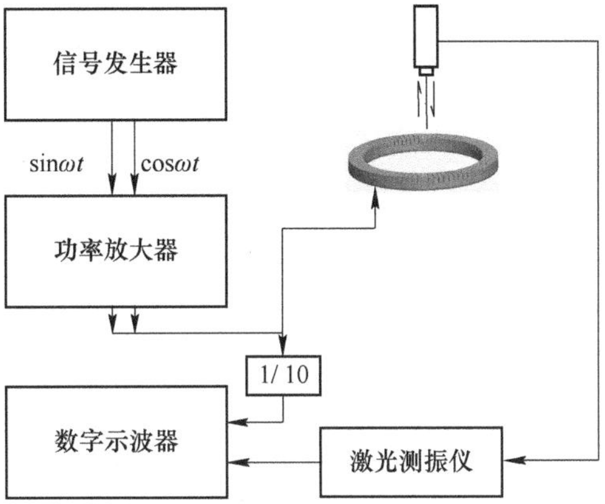

图 3.30 模态测试信号流程图

3.4.1.2 振子谐振频率测试

根据结构设计及模态分析的结果，制作出的振子样机如图 3.31 所示，其中图 3.31（a）所示为 3-3 振子正、反结构图，图 3.31（b）所示为 4-4 振子正、反结构图。

在试验过程中为了方便识别，将压电振子的压电陶瓷片不同分区进行了编号，编号分别为 A、B、C、D，其中，A 区和 B 区为压电振子 $B_{0,11}$阶弯曲模态对应的陶瓷片分区，即单独激励 A 区或 B 区陶瓷片，将会激发出压电振子的 $B_{0,11}$阶驻波弯曲模态；C 区和 D 区为压电振子的 $B_{0,15}$阶弯曲模态对应的陶瓷片分区，即单独激励 C 区或 D 区陶瓷片，将会激发出振子的 $B_{0,15}$阶驻波弯曲模态。

测试时将频率设定在模态分析结果的数值上，在其附近调试，测得每组压电陶瓷片的谐振频率如表 3.6、表 3.7 所示（激振电压峰-峰值为 80 V）。

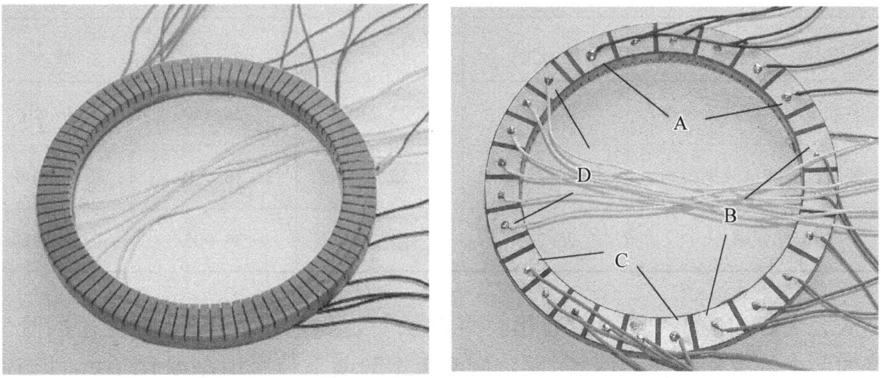

(a)

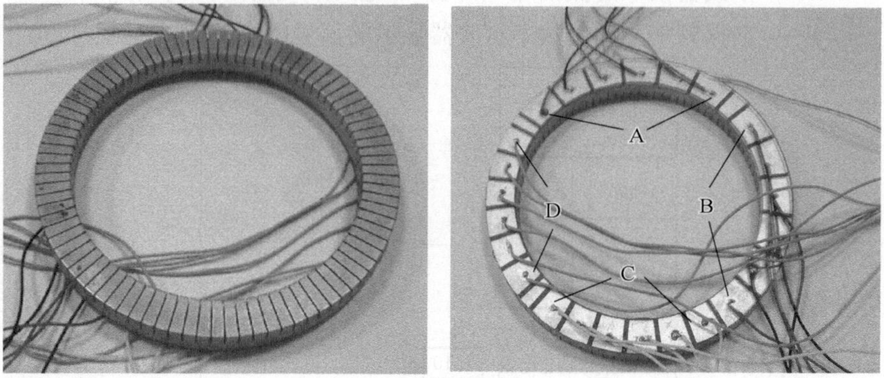

图 3.31　圆环振子

（a）3-3 振子结构图；（b）4-4 振子结构图

表 3.6　3-3 振子的谐振频率　　（kHz）

陶瓷片编号	A	B	C	D
ANSYS 模态分析固有频率	27.679	27.679	44.519	44.519
安装前试验测试共振频率	24.620	24.630	39.220	39.230
安装后试验测试共振频率	24.690	24.690	39.310	39.310
工作频率	24.690	24.690	39.310	39.310

表 3.7　4-4 振子的谐振频率　　（kHz）

陶瓷片编号	A	B	C	D
ANSYS 模态分析固有频率	29.540	29.540	43.278	43.278
安装前试验测试共振频率	25.220	25.230	36.820	36.810
安装后试验测试共振频率	25.280	25.290	36.910	36.900
工作频率	25.285	25.285	36.905	36.905

从表 3.6 和表 3.7 中可以看出：将振子安装到基座之后，3-3 振子同阶弯曲模态的两个频率相等，4-4 振子同阶弯曲模态的两个频率均存在 10 Hz 的频率差。

3.4.1.3 谐振状态下振子的模态测试

对谐振状态下振子表面质点的振幅分布情况进行测试时，为了使测试结果尽可能准确，在环形振子整个圆周上选择了 181 个测试点，各点之间相差 2°，测试点的选择存在两种方案。

方案一：从第一个齿位置开始测试（已在振子上做标记），若第一次测试在齿的中央位置则下一次测试在齿槽位置［因为振子表面每个凸齿宽度为 4°（包括齿宽和齿槽宽）］，如此进行测试，即第奇数次的测试点为齿的中央位置，第偶数次的测试点为齿槽位置。

方案二：进行测试的起始齿位置不变，让每次的测试点均在齿面上。

用上述两种方案，分别对 A 相、B 相激励时 3-3 振子（安装到基座之前的振子）的 $B_{0,11}$阶弯曲模态下振子表面部分质点的振幅分布情况进行了测试，测试结果如图 3.32、图 3.33 所示。比较两图可见，方案二测试得到的振幅分布曲线比方案一测试得到的振幅分布曲线平滑，故本书有关振幅分布的试验测试均采用方案二。

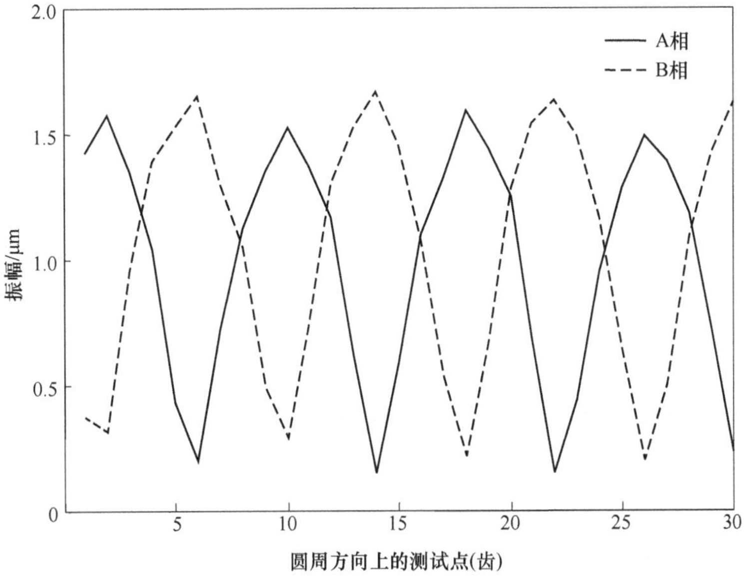

图 3.32 振子表面质点振幅分布（方案一）

以频率为 24.69 kHz（39.31 kHz）的正弦信号分别激励 3-3 振子的 A 组、B 组（C 组、D 组）压电陶瓷片（激振电压峰峰值为 80 V），测得振子表面质点的振幅分布情况如图 3.34 和图 3.35 所示（每次测试的测试点相同），图中实线为激励 B（C）组压电陶瓷片时质点的振幅分布情况，虚线为激励 A（D）组压电

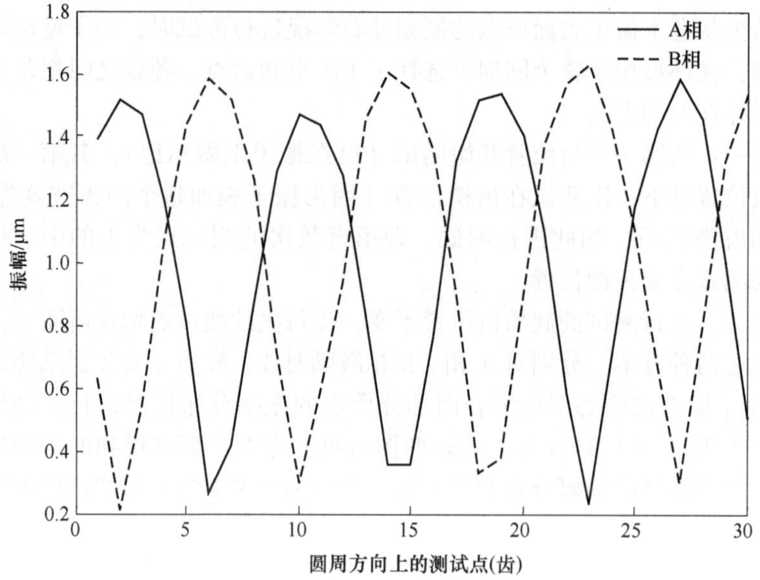

图 3.33　振子表面质点振幅分布（方案二）

陶瓷片时质点的振幅分布情况。

从图 3.34、图 3.35 可以看出，实线与虚线的分布规律几乎相同，二者之间存在一个相位差，这是由两组压电陶瓷片之间相差 1/4 波长所致，两条曲线一个模态中的峰值点为另一个模态的零点，可见，试验测得的振子同阶的两个弯曲模态符合同频正交这一特性。另外，图 3.34 所示的两条曲线出现了极值点振幅明显不等的现象，这是由两组压电陶瓷片性能上的差异造成的。

同理，激励电压（80 V）保持不变，以频率为 25.28 kHz 的正弦信号激励 4-4 振子的 A 组压电陶瓷片，对振子表面质点的振幅分布进行测试，得到振幅分布如图 3.36 中实线所示；再以 25.29 kHz 的正旋信号激励 4-4 振子的 B 组压电陶瓷片，测试得到振子表面质点的振幅分布规律如图 3.36 中虚线所示（测试点与激励 A 组压电陶瓷片时的测试点相同）。与图 3.34 所示的振幅分布规律相同，两条曲线也出现了极值点振幅明显不相等的现象。

利用上述试验方法，以频率为 36.91 kHz 的正旋信号激励 4-4 振子的 C 组压电陶瓷片，对振子表面质点的振幅分布进行测试，得到振幅分布如图 3.37 中虚线所示；再以 36.90 kHz 的正旋信号激励 4-4 振子的 D 组压电陶瓷片，测试得到振子表面质点的振幅分布规律如图 3.37 中实线所示（测试点与激励 C 组压电陶瓷片时的测试点相同）。

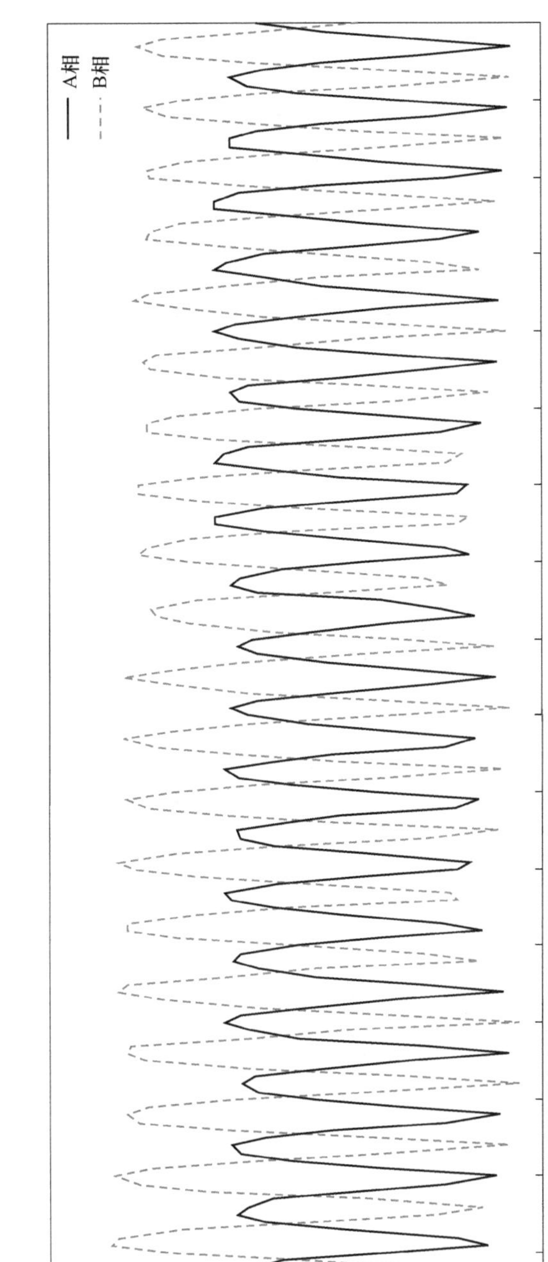

图 3.34 3-3振子$B_{0,11}$阶弯曲模态的振幅分布曲线（24.69 kHz）

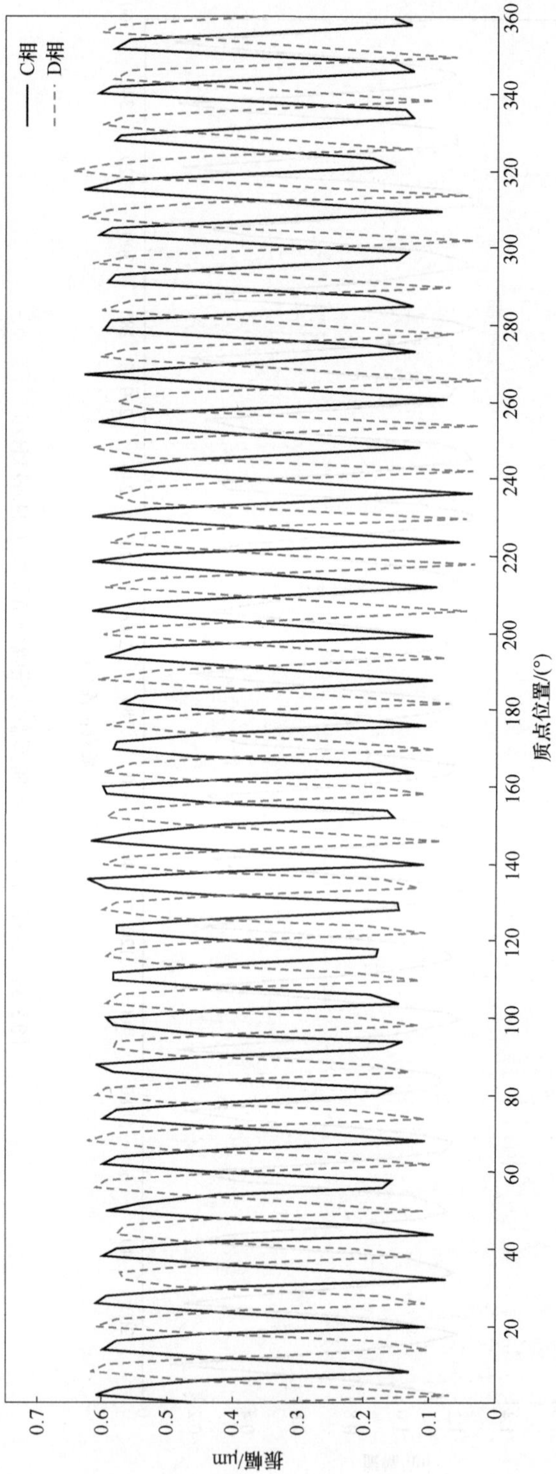

图 3.35　3-3振子$B_{0,15}$阶弯曲模态的振幅分布曲线（39.31 kHz）

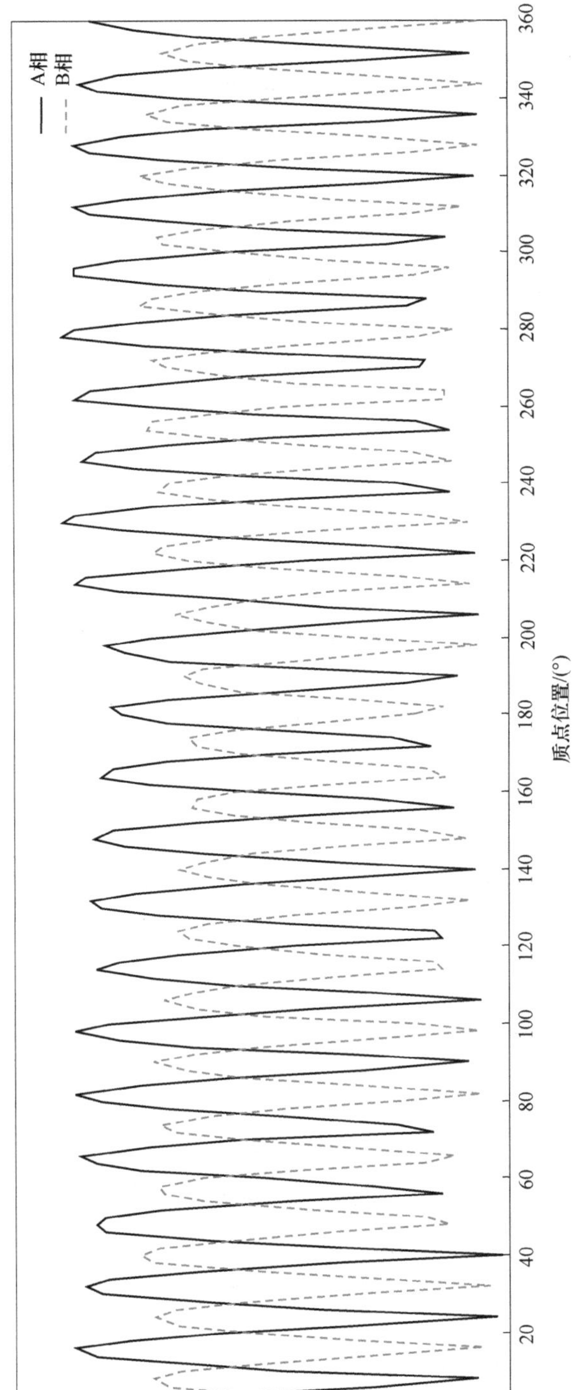

图 3.36 4-4振子$B_{0,11}$阶弯曲模态的振幅分布(A相：25.28 kHz；B相：25.29 kHz)

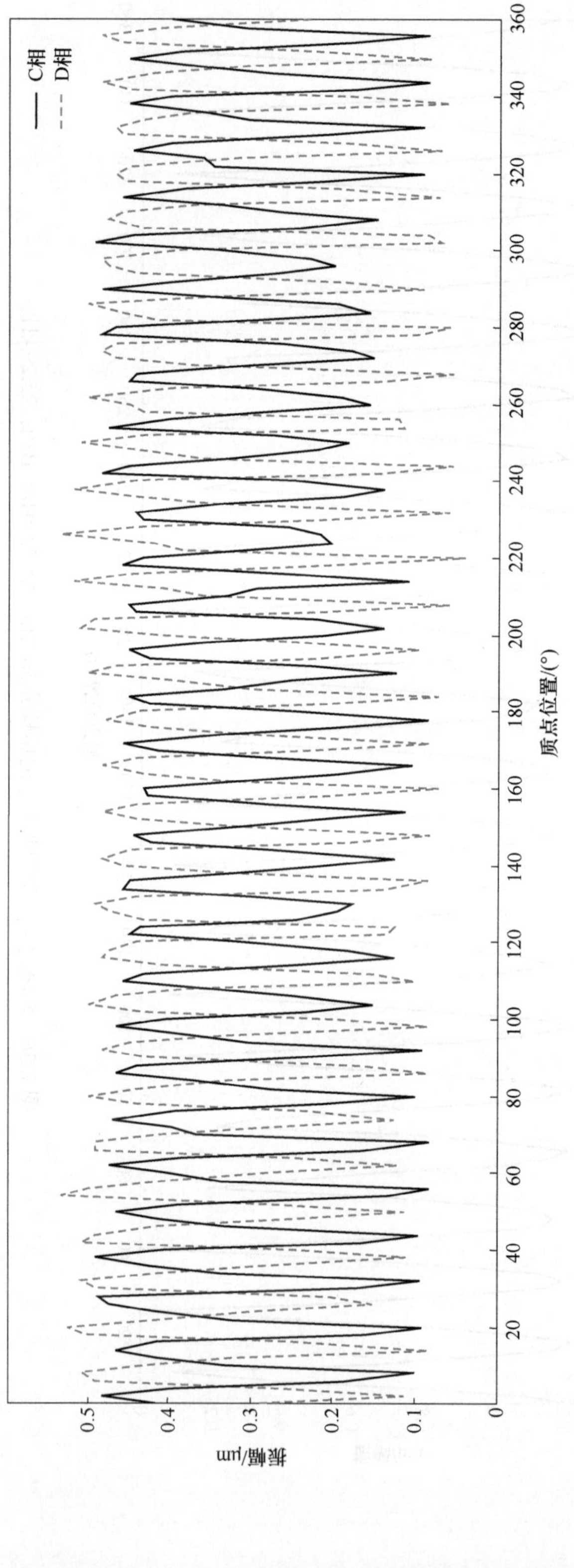

图 3.37　4-4振子$B_{0,15}$阶弯曲模态的振幅分布曲线(C相：36.91 kHz；D相：36.90 kHz)

从图 3.34、图 3.36 可以看出：$B_{0,11}$阶弯曲振动对应的每条曲线的波峰与波峰（波谷与波谷）之间都约为 16.4°，等于 1/2 波长（$\lambda_{0,11}/2$）对应的角度，并且同一图中，两相驱动对应曲线的波峰与波峰（波谷与波谷）之间都约为 8.2°，等于 1/4 波长（$\lambda_{0,11}/4$）对应的角度。同样，从图 3.35、图 3.37 以看出：$B_{0,15}$阶弯曲振动对应的每条曲线的波峰与波峰（波谷与波谷）之间都约为 12°，等于 1/2 波长（$\lambda_{0,15}/2$）对应的角度，并且同一图中，两相驱动对应曲线的波峰与波峰（波谷与波谷）之间都约为 6°，等于 1/4 波长（$\lambda_{0,15}/4$）对应的角度。因此，可以证明试验测得的振子模态与有限元软件分析结果一致。

3.4.1.4 输送振子幅值特性分析

A 驱动电压与振幅的关系

在其他条件保持不变的情况下，对驱动电压与振子表面质点的振幅分布关系进行了测试。以 3-3 振子的 $B_{0,15}$阶弯曲模态为例，以频率为 39.31 kHz 的正旋信号激励振子的 D 组压电陶瓷片，使驱动电压在 30～200 V 范围内变化，步长为 10 V，测得振子表面某一质点振动的振幅与驱动电压的关系如图 3.38 所示，图中曲线表明，在工作频率保持恒定的情况下，振幅随驱动电压的增大呈线性增加。

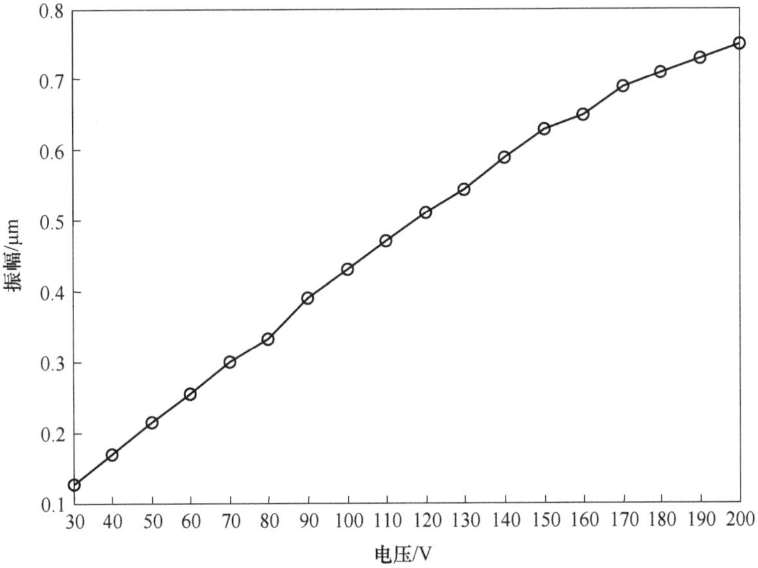

图 3.38 驱动电压–振幅的关系曲线

B 工作频率与振幅关系

在激励电压固定的情况下，调节输入信号的频率，使振子的激振频率在谐振频率附近变化，调整步长为 10 Hz，测试振子表面质点振幅随频率的变化曲线。测试结果如图 3.39、图 3.40 所示，其中图（a）为振子的 $B_{0,11}$阶弯曲模态下的幅频特性曲线，图（b）为 $B_{0,15}$阶弯曲模态下的幅频特性曲线。从曲线可以看出：在谐振频率下，振子表面质点振动的振幅达到最大。

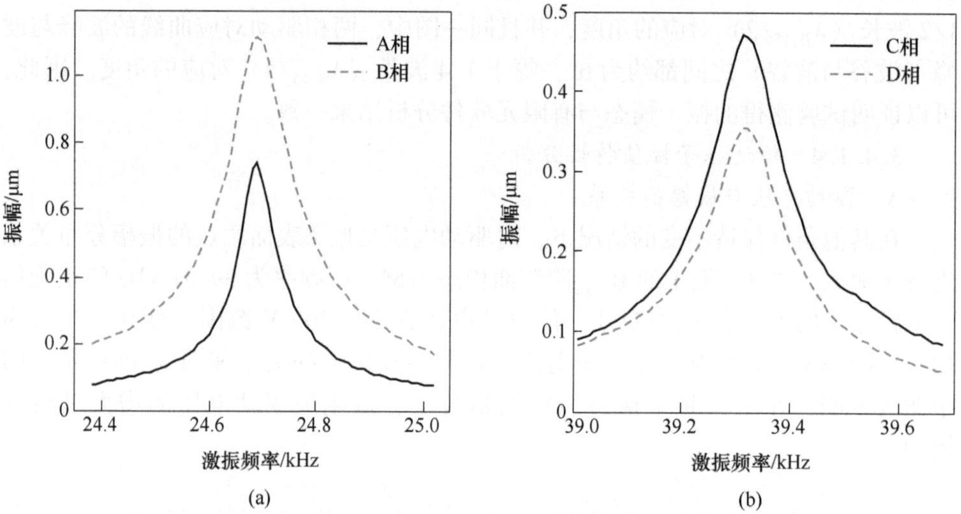

图 3.39　3-3 振子幅频特性曲线

（a）$B_{0,11}$阶；（b）$B_{0,15}$阶

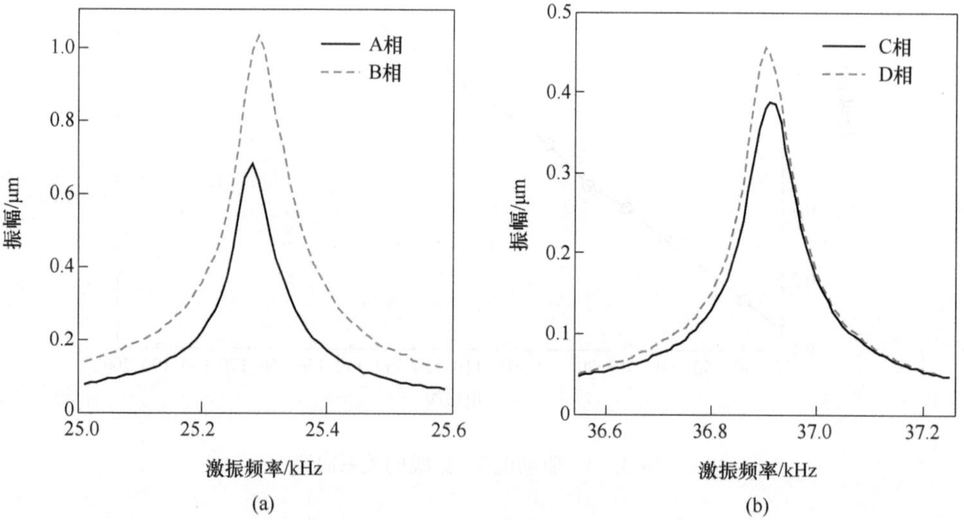

图 3.40　4-4 振子幅频特性曲线

（a）$B_{0,11}$阶；（b）$B_{0,15}$阶

C　径向质点振幅分布

本节将对同一半径上不同质点的振幅分布情况进行试验测试。本书设计的环形振子宽度为 10 mm，在该宽度方向上每 1 mm 选取一测试点，以距离圆心位置最近的点为起点，对上述 10 个测试点从 1 到 10 进行编号。以驱动电压为 80 V，激振频率为 39.31 kHz 的正旋信号激励 3-3 振子的 C 组压电陶瓷片，对所选取的上述 10 个测试点的振幅分布进行试验测试，测试结果如图 3.41 所示。

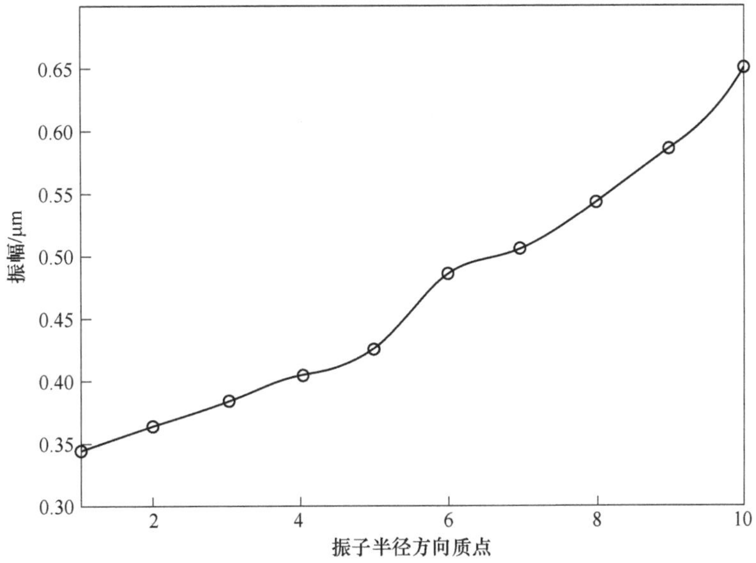

图 3.41　半径方向质点的振幅分布

从曲线可以看出，试验测试结果与第 2 章环形振子表面质点的径向振动模式的理论分析结果一致——柱坐标下相同 θ 坐标质点的振幅随极径坐标 r 的增大而增大。

3.4.2　输送装置的性能测试

输送速率是衡量物料输送能力的重要指标。物料输送装置中，输送速率通常被定义为在稳定工作状态下，物料被输送的距离 s 和对应的时间 t 的比值。本试验在保持物料移动的距离为定值的情况下，测试物料所需要的时间，从而计算得出输送速率。

本节对设计并加工制作的 3-3 试验样机（如图 3.42 所示）进行了输送速率的性能测试，并根据测试的结果分析讨论了振幅、工作频率、物料种类等主要因素对输送速率的影响规律。

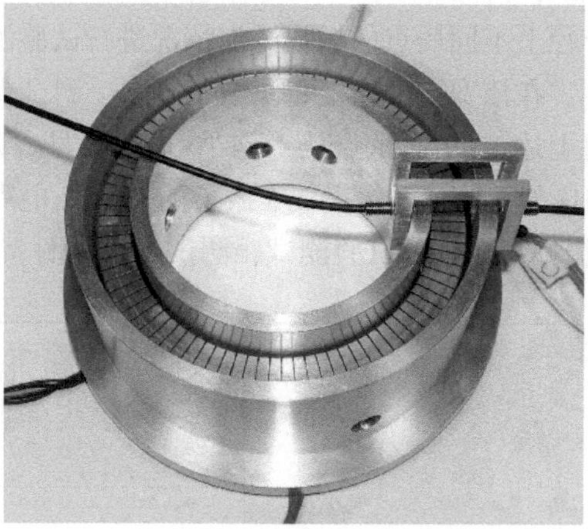

图 3.42　输送装置试验样机

3.4.2.1　测试方案

影响行波型超声物料输送装置输送能力的因素较多，忽略次要的温度、湿度等环境因素，只考察振幅、工作频率、物料种类等几个主要因素的影响。

图 3.43 所示为输送装置性能测试试验装置的框图及照片。从图中可以看出本试验除了用到输送振子的模态测试与分析所用到的试验设备，还用到了 KEYENCE 公司生产的 FS-V31 对射式数字光纤传感器、单片机计时系统以及 0～15 V 直流稳压电源。

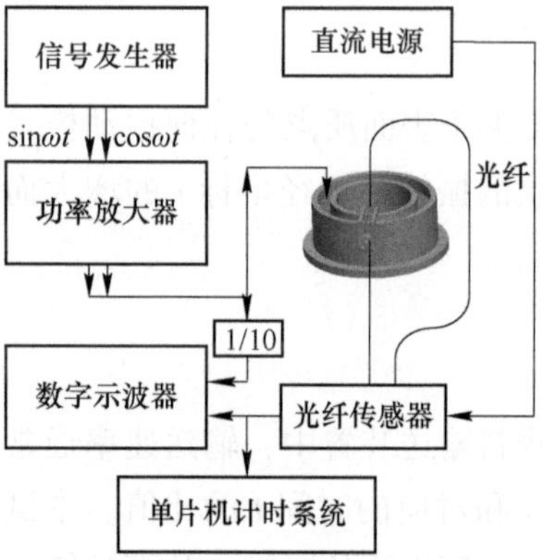

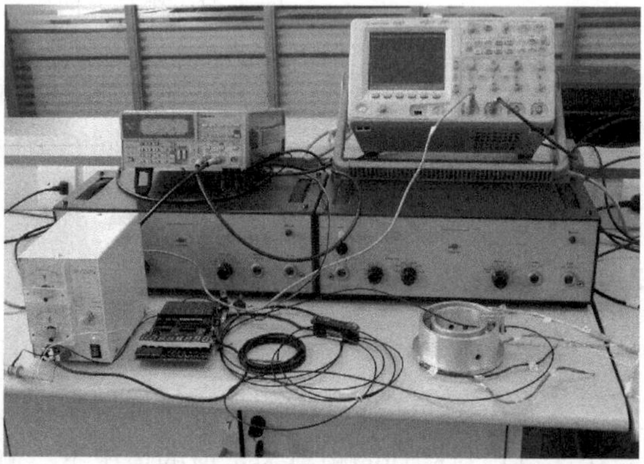

图 3.43　试验装置

试验物料：黄铜圆柱、铝圆柱、钢圆锥滚子、不锈钢块体、塑料块体、螺母、轴承、螺栓、螺钉、药片、谷物等。

当物料经过传感器的发射器和接收器时，传感器将会将检测到的信号进行集成处理，输出一个响应信号，利用传感器外接的数字示波器显示该响应信号，观察并记录响应信号的信息（包括信号的频率、周期、振幅等），同时将传感器的响应信号输出到自制的单片机计时系统，显示物料运动所用的时间，进而计算得到物料的运动速率。

试验方法及过程：选择要测试的某一因素，保持其他因素不变，改变待测试因素大小，严格控制超声物料输送装置的启停，并精确测量输送时间和相应时间内输送物料的距离，计算输送速率。记录结果，作出相应曲线图，并对结果进行分析讨论。

3.4.2.2 试验结果与分析

A 振子 $B_{0,11}$ 阶、$B_{0,15}$ 阶工作模态下的速度比值

以黄铜圆柱（ϕ6 mm×6 mm，m = 1.40 g）与轴承 30205 的圆锥滚子（接触面为大头 ϕ6.7 mm，h = 10.8 mm，m = 2.68 g）两种物料试件为例，分别测试试件在弯曲模态 $B_{0,11}$ 与 $B_{0,15}$ 对应的两个不同工作频率（24.69 kHz、39.31 kHz）下的输送速度。为便于试验结果的比较，在测试过程中，调节适宜的激励电压值，以保证正弦、余弦两路信号激励下圆环振子齿面的最大振幅均为 1 μm。分别测试试件在环形振子槽内旋转 10 周所用时间（如表 3.8 所示），从而计算得到振子不同工作模态下的输送速度。

表 3.8 试验测试结果

参　　数	$B_{0,11}$ 工作模态	$B_{0,15}$ 工作模态
质点电压峰峰值/V	12.500	19.800
黄铜圆柱 t_1/s	19.055	8.929
圆锥滚子 t_2/s	17.231	7.910

由示波器监视到的黄铜圆柱试件在 $B_{0,11}$ 模态下经由光纤传感器的 5 个脉冲过程如图 3.44 所示。图 3.44 中两虚线对应的脉冲标记着黄铜圆柱试件在料槽某一周（两次穿过光纤传感器）的历程，其周期为 1.95 s，频率为 513 mHz。

以轨道中心圆的周长 L_m = 282.74 mm（轨道中心圆半径为 45 mm）为 1 周计算行程，以单片机的 10 周平均值为时间，计算得黄铜圆柱、圆锥滚子两种试件在 $B_{0,11}$、$B_{0,15}$ 模态下的平均输送速度，如表 3.9 所示。

由第 2 章的理论分析可知，在椭圆运动到最高点时（即波峰处），横向振动位移最大，纵向振动位移为零，振子表面质点运动的纵向速度达到最大，即：

$$v_{x\max} = -kh\xi\omega \tag{3.5}$$

对于本书所设计的 3-3 振子，基体的厚度与凸齿的高度均为 3 mm，可以近似取式（3.5）中的 h（振子上表面到中性层的距离）为 4.5 mm，振子环平均半径 r = 45 mm。

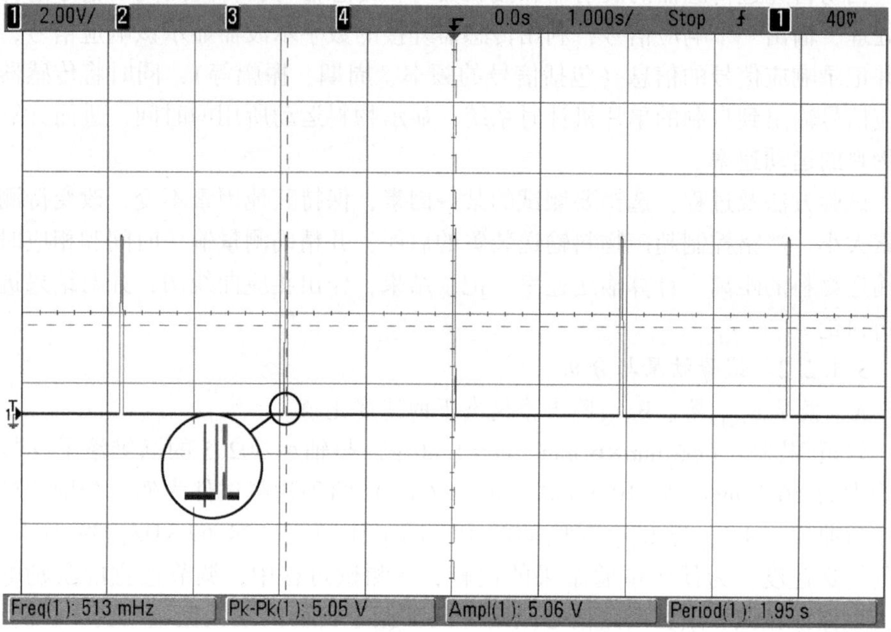

图 3.44　光纤传感器的脉冲记录

表 3.9　试件的平均速度

参　数	$B_{0,11}$工作模态	$B_{0,15}$工作模态	$v_{B_{0,15}}/v_{B_{0,11}}$
v_1（黄铜圆柱）/(mm·s^{-1})	148.38	316.65	2.13
v_2（圆锥滚子）/(mm·s^{-1})	164.09	357.45	2.18

本书中 $B_{0,15}$、$B_{0,11}$ 两个模态的波数（k）之比为 15/11 = 1.36，频率（ω）之比为 39.31/24.69 = 1.59，其他两个参数相等，所以按式（3.5）计算可得速度之比为 1.36×1.59 = 2.16。与表 3.9 所示数据对比可见，试验测得的两模态下的速度之比与理论计算结果一致。

试验中 $B_{0,15}$、$B_{0,11}$ 两个模态下振子表面质点的最大振幅均为 $\xi = 1\ \mu m$，频率分别为 39.31 kHz、24.69 kHz，而两个模态对应波数分别为 $k_{B_{0,15}} = 0.33$、$k_{B_{0,11}} = 0.24$（量纲为 1/mm），代入式（3.5），计算得速度分别为 $v_{B_{0,15}} = 366.78$ mm/s、$v_{B_{0,11}} = 167.54$ mm/s。显然，两种试件的速度实测值与式（3.5）的理论计算值均较为接近。

B　振幅与输送速度关系

由谐振状态下振子的模态测试试验可知，在驱动电压、驱动频率相等的情况下，分别激励振子的 A 组、B 组压电陶瓷片，出现如图 3.34、图 3.36 所示振子表面质点的最大振幅不相等现象，故本书将不再直接测试驱动电压与输送装置输送速度的关系。

振子表面质点的振幅分布以振子的 $B_{0,15}$阶工作模态为例，分析振子表面质点振幅与输送速度的关系。将输入的交变信号频率调至 39.31 kHz，使输送系统达到共振。调节输入信号电压，使振子表面质点的位移从 0.2 μm 变化到 1.1 μm，步长为 0.1 μm，得到输送装置输送圆锥滚子的速度随振幅的变化曲线，如图 3.45 所示。

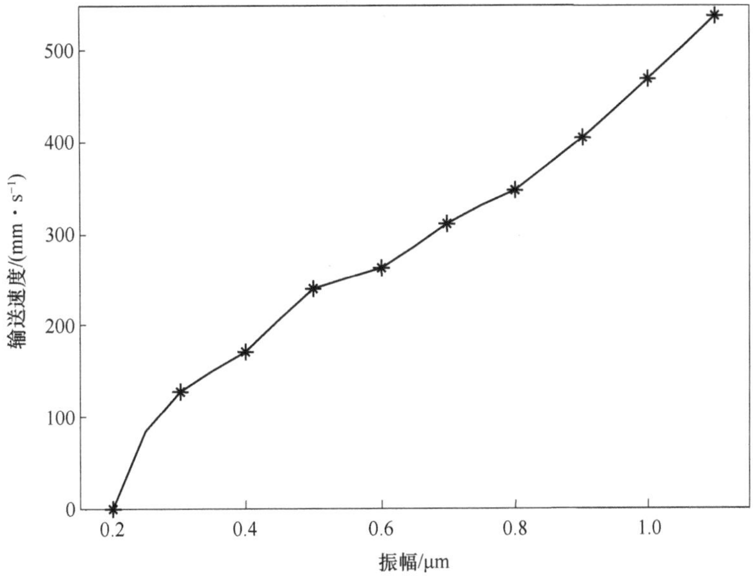

图 3.45 振幅与输送速度的关系

从图 3.45 中可以看出振幅较小时，输送装置不能很好地输送物料，当振幅超过 0.2 μm 时，输送装置开始缓慢输送物料，随着振幅增加，输送速度近似呈线性增加。振子表面质点的振幅位于 0.2~0.3 μm 时，振子所输送的试件紧贴输送装置基座内环转动，说明试件的速度较低，所受到的离心力较小，不足以克服振子面外弯曲振动振幅对试件的影响。当振子表面质点振幅超过 0.3 μm 后，所输送的试件在离心力的作用下，紧贴输送装置基座外环转动。

综合图 3.38 和图 3.45 可以看出：在工作频率保持恒定的情况下，振子表面质点的振幅随驱动电压的增大基本呈线性增加，而输送装置的输送速度随振幅的增大也呈线性增加。可见，输送装置的输送速度将会随驱动电压的增大而增大。输入电压过低时，输送装置几乎没有输送能力，因为驱动功率过小，不足以产生足够大的振幅推动物料移动，而随着电压的增大，产生的振动幅度逐渐增强，输送速度也逐渐增大。但是，在输入电压值过高的环境下工作，压电陶瓷片会产生过热现象，这将会缩短陶瓷片的使用寿命，并使输送装置的谐振频率点发生漂移。

C　驱动频率与输送速度的关系

调节输入信号的电压，使振子表面质点的最大振幅为 1 μm，对 3-3 振子 $B_{0,15}$阶工作模态下输送装置工作频率与输送速度之间的关系进行试验测试。选单个圆锥滚子为试验物料，当其他条件一定时，调节输入信号的频率值，测试物料在不同工作频率下的输送速度。

试验结果如图 3.46 所示。试验装置在 38.85~39.8 kHz 的范围内，具有较好的输送性能，并在 39.31 kHz 左右获得最大输送速率。可见，改变输送装置的工作频率可调整输送装置的输送速度。但输送装置的输送速度对频率的变化很敏感，当工作频率偏离谐振频率过多时，输送装置不能很好地输送物料，即便能够缓慢输送物料，也会出现试件边旋转边前进甚至只在原地旋转的现象。可见，工作频率对超声物料输送装置的输送性能影响较大，系统应尽量在其谐振频率下工作。

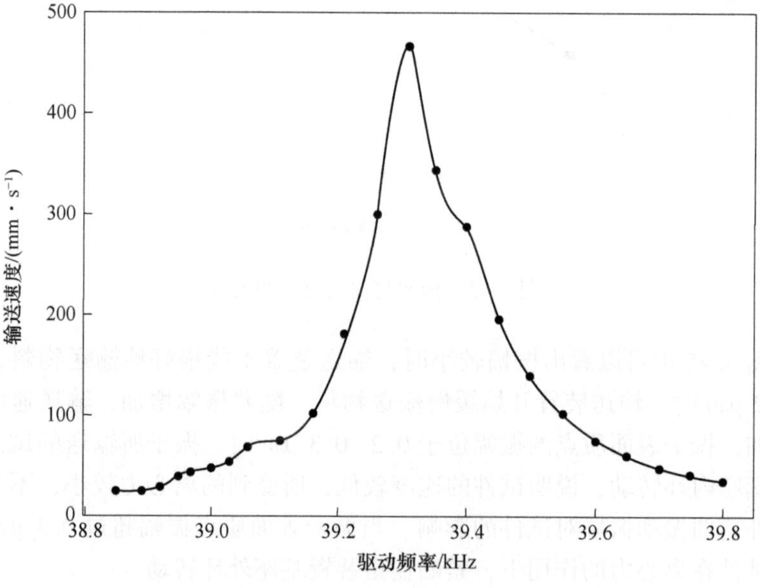

图 3.46　驱动频率与输送速度的关系

D　接触面积与输送速度关系

将 3-3 振子 $B_{0,15}$阶工作模态下振子表面质点振幅调为 1 μm，测试谐振频率下，具有相同质量试件（材料相同）的输送速度与接触面积之间的关系。以单一圆锥滚子为例（大头为 $\phi6.7$ mm，小头为 $\phi5.4$ mm，$h=10.8$ mm，$m=2.68$ g），分别测试以大头为接触面和以小头为接触面情况下圆锥滚子的运行速度［以圆环振子的 10 周为行程（$L=282.74$ mm×10 mm）］。试验结果如表 3.10 所示。

表 3.10 试验测试结果

参　　数	接触面积/mm^2	时间/s	速度/($mm \cdot s^{-1}$)
大头为接触面	35.260	6.283	450.008
小头为接触面	22.900	10.114	279.553

由表 3.10 可以看出，对于同一试件，其与输送振子之间接触面积不等，将会导致试件的速度不等。接触面积越大，试件与输送振子之间的接触点个数增多、摩擦力增大，试件的运行速度就越大。

E 物料种类与输送速度关系

利用上述方法，调节电源频率使超声物料输送装置处于谐振状态下，对材质、密度、形状以及表面粗糙度不同的几种物料进行测试，并对测试结果分析。

测试结果表明，本书所设计的超声物料输送装置对输送对象有一定的选择性：对质量较重，表面不是很光滑的物料，如圆锥滚子、M5 六角螺母、M5 盖形螺母等，具有较好的输送性能；对质量相同但表面粗糙度不同的物料，其输送情况不同；对药片、谷物等体积较大的物料具有较好的输送性能，对体积较小的物料，如红豆（0.1 g）、M2 六角螺母等，有输送能力，但在输送过程中物料会出现剧烈的跳动现象；对材质较硬的橡胶类物料，如稀土改性聚四氟乙烯摩擦材料，具有一定的输送能力，但是对于表面光滑的软橡胶类物料，输送装置的输送能力较差，几乎没有输送能力。

F 质量与输送速度关系

以黄铜圆柱（$\phi6$ mm×5 mm）和 M5 六角螺母两种物料试件为例，分别测试试件与输送装置接触面积不变（即试件底面积不变）、试件高度或试件个数改变时试件质量与输送速度的关系。

由于物料在环形输送振子表面的运行轨迹为圆弧线，外环与物料之间的摩擦力等因素对物料输送过程将产生额外作用。为了克服物料高度不同输送装置外环结构对其影响不同这一不利影响，本书自制了一纸质的套筒结构，每次测试时均将物料试件装于套筒内，尽量使不同试件运动时的外界环境相同。

测试方法：在驱动电压和工作频率相同的条件下，将若干黄铜圆柱（M5 六角螺母）罗列在一起，并保证直接与输送振子接触的最底部的试件（基试件）

不变，分别对黄铜试件高度变化（变化范围为 5~25 mm，步长为 5 mm）与输送速度的关系及六角螺母个数变化（变化范围为 1~7）与输送速度的关系进行测试。测试结果如图 3.47 所示。从图 3.47 中可以看出，输送装置的输送速度随物料质量增大而变大。物料质量越大，其与输送振子之间的接触压力和接触变形越大，输送振子和物料接触处的摩擦力越大，振子的输送速度就会越大。

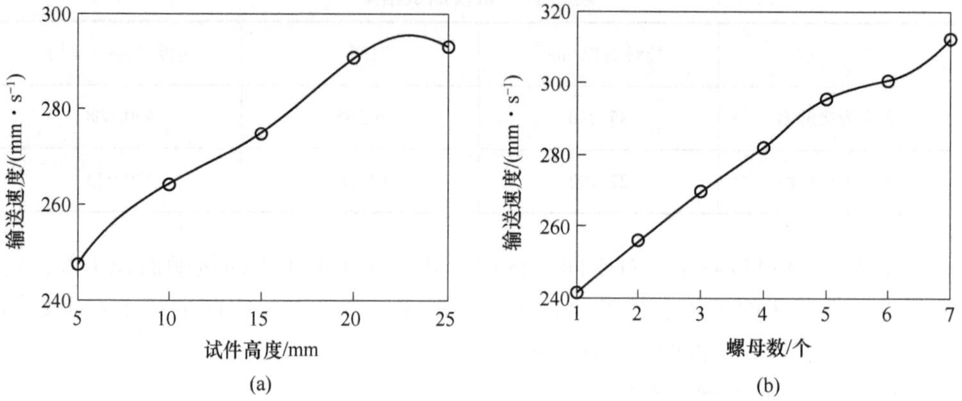

图 3.47　质量（高度）-输送速度关系曲线
（a）黄铜试件；（b）六角螺母

结　论

本书设计并制作了一种用于物料输送性能试验的环形超声输送装置的原理样机，并进行了一系列试验研究。主要结论归纳如下。

（1）利用 ANSYS 有限元分析软件对环形输送振子的结构进行了动态设计，确定了振子的结构尺寸参数，并优选出振子的 $B_{0,11}$、$B_{0,15}$ 阶弯曲模态及对应的固有频率。通过对压电陶瓷片的分区极化设计，实现了同一压电振子在多阶弯曲模态即多工作频率下的驱动。基于理论分析结果，制作了环形输送装置的原理样机。

（2）鉴于圆环输送振子不需承受较大的扭矩及预压力，圆环振子的固定方式采用橡胶弹性支撑结构，这样可以适当降低圆环振子径向振动幅值的不均匀性，同时简化了输送装置的结构，减少了振子的振动部分并为同阶弯曲振动的频率差最小化提供了保障。

（3）对振子表面质点的振幅分布特性进行了试验测试。试验结果表明：在激振频率一定的情况下，振子表面质点的振幅随驱动电压的增大呈线性增大；在驱动电压一定的情况下，质点振幅在振子达到谐振时达到最大；位于同一半径上的质点的振幅随极径坐标的增大而增大。

（4）对输送装置不同工作模态下的输送性能进行了试验测试。测试结果表明：所设计的超声物料输送装置在不同的工作模态下均具有较好的输送能力、均能平稳地输送物料，并且在一定范围内可调；在振子表面质点的最大振幅为 1 μm，驱动频率分别为 24.69 kHz 及 39.31 kHz 的试验工况下，输送装置的 $B_{0,15}$、$B_{0,11}$阶工作模态对应的输送速度比为定值，并且试验测试结果与理论分析值一致。

（5）研究了输送装置在输送不同物料时的输送性能，考察了激振频率、振子表面质点振幅、物料质量及接触面积等对输送速率的影响。试验结果表明：在相同的驱动条件下，输送装置对所输送的物料具有一定的选择性；输送速率随激振频率的变化比较敏感，在谐振状态下输送装置的输送速率最大；输送速率与振子表面质点振幅呈正比；在物料与输送装置接触面积相等的情况下，输送速率随物料质量（个数）的增加呈线性增大。

4 长环形压电振子及其物料输送装置

行波超声振动给料装置工作时，其输送振子与物料间通过物料的自重作用产生接触压力和接触变形，接触处的纵向位移使得物料表面与处于波峰位置的输送振子表面质点脱离接触，接触处的横向位移借助摩擦力向物料传递单一方向的驱动力，推动物料前进。由此可见，输送振子是超声振动给料装置的关键部件，只有明确了输送振子的动态特性，才能设计出高性能的超声振动给料装置。

由于本书设计的输送振子是以不带齿的长环形结构为基础原型的，因此准确分析长环形结构的振动模式、了解其振型特征对后续输送振子的设计有一定的指导意义。

4.1 超声振动给料装置的理论基础及设计构想

4.1.1 环形结构的面内振动分析

4.1.1.1 圆环的面内振动

圆形环的弯曲振动分为两类，即在环平面内的弯曲振动和包括对环平面成直角的位移和扭转位移的弯曲振动。本书分析在环平面内的弯曲振动。

圆环结构如图 4.1 所示，假设环的横截面尺寸与其中心线半径 r 相比很小，还假设环的平面（x-y 平面）为每一横截面的对称平面。h 为圆环厚度，b 为圆环径向宽度，θ 为确定环上一点的位置的角，u 为径向位移（正的向外），v 为切向位移（顺增大 θ 的方向为正）。

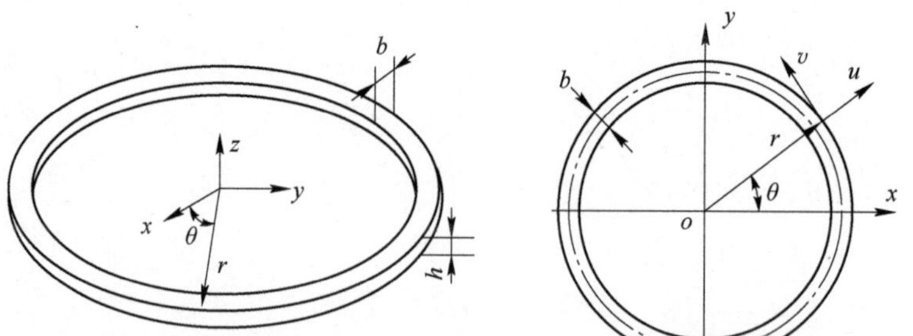

图 4.1 圆环的结构示意图

由位移 u 和 v，得到任一点处环中心线的单位伸长为：

$$e = \frac{u}{r} + \frac{\partial v}{r\partial\theta} \tag{4.1}$$

其曲率的改变可以用式（4.2）表示：

$$\frac{1}{r + \Delta r} - \frac{1}{r} = - \frac{\partial^2 u}{r^2 \partial\theta^2} - \frac{u}{r^2} \tag{4.2}$$

对于在环平面内弯曲振动最普遍的情况，径向位移 u 可以展开成三角级数形式：

$$u = \sum_{i=1}^{\infty} [a_i \cos(i\theta) + b_i \sin(i\theta)] \tag{4.3}$$

其中系数 a_i、b_i 均为时间的函数。考虑无扩展的弯曲振动，取 $e=0$，由式（4.1）得：

$$u = - \frac{\partial v}{\partial\theta} \tag{4.4}$$

将式（4.3）代入式（4.4），随着积分，得出：

$$v = \sum_{i=1}^{\infty} \left[-\frac{a_i}{i}\sin(i\theta) + \frac{b_i}{i}\cos(i\theta) \right] \tag{4.5}$$

环上任一横截面的弯矩为：

$$M = - \frac{EI}{r^2}\left(\frac{\partial^2 u}{\partial\theta^2} + u\right) \tag{4.6}$$

因而得到弯曲势能：

$$U = \frac{EI}{2r^4}\int_0^{2\pi}\left(\frac{\partial^2 u}{\partial\theta^2} + u\right)^2 r\mathrm{d}\theta \tag{4.7}$$

将式（4.3）代入式（4.7），并应用下列公式：

$$\int_0^{2\pi} \cos m\theta \cos n\theta \mathrm{d}\theta = 0$$

$$\int_0^{2\pi} \sin m\theta \sin n\theta \mathrm{d}\theta = 0 \quad (m \neq n)$$

$$\int_0^{2\pi} \cos m\theta \sin m\theta \mathrm{d}\theta = 0$$

$$\int_0^{2\pi} \cos^2 m\theta \mathrm{d}\theta = \int_0^{2\pi} \sin^2 m\theta \mathrm{d}\theta = \pi$$

得到：

$$U = \frac{EI\pi}{2r^3}\sum_{i=1}^{\infty}(1 - i^2)^2(a_i^2 + b_i^2) \tag{4.8}$$

振动着的环的动能为：

$$T=\frac{A\rho}{2}\int_0^{2\pi}(\dot{u}^2+\dot{v}^2)r\mathrm{d}\theta \tag{4.9}$$

将式（4.3）和式（4.5）代入式（4.9），得：

$$T=\frac{Ar\pi\rho}{2}\sum_{i=1}^{\infty}\left(1+\frac{1}{i^2}\right)(\dot{a}_i^2+\dot{b}_i^2) \tag{4.10}$$

应用拉格朗日方程于保守系统和广义坐标 a_i，得到下列运动微分方程：

$$Ar\pi\rho\left(1+\frac{1}{i^2}\right)\ddot{a}_i+\frac{EI\pi}{r^3}(1-i^2)^2a_i=0$$

或

$$\ddot{a}_i+\frac{EIi^2(1-i^2)^2}{\rho Ar^4(1\div i^2)}a_i=0 \tag{4.11}$$

并对广义坐标 b_i 得到相同形式的方程。因此，圆环面内弯曲振动第 i 振型的频率由式（4.12）给出：

$$f_i=\frac{1}{2\pi}\sqrt{\frac{EIi^2(1-i^2)^2}{\rho Ar^4(1+i^2)}} \tag{4.12}$$

式中　I——圆环横截面对垂直于环平面主轴的惯性矩；

A——圆环横截面面积；

E——材料的弹性模量；

ρ——材料的密度。

定义圆环弯曲变形圆周波长的数量 i 为振动模态的阶数，该弯曲振动振型属第 i 阶，记作 B_i。当 $i=1$ 时，$f_1=0$，此时圆环作刚体运动；当 $i\geqslant2$ 时，圆环按基本弯曲振型振动。

4.1.1.2　长环形梁的面内振动

图 4.2 所示为长环形梁的结构示意图，它是由两个直梁段和两个半圆弧段封闭而成的。直梁段长度为 l，环中心线半径为 r，梁宽度为 b，厚度为 h，假设梁为均匀等截面的，且梁的横截面尺寸与其中心线半径 r 相比很小。

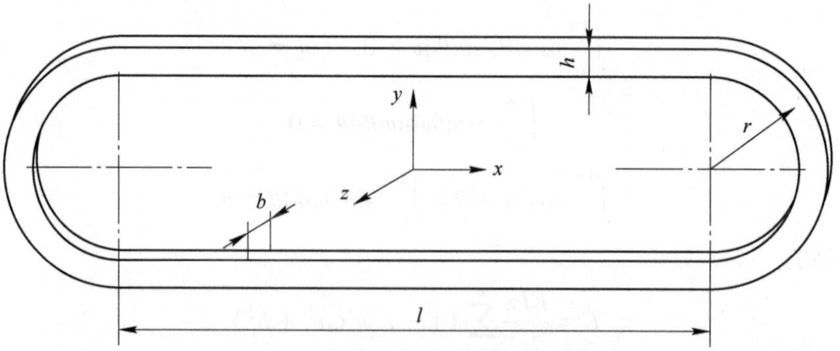

图 4.2　长环形梁的结构示意图

参照圆环在其环面内的纯弯曲振动，当图 4. 2 所示的长环形梁在其环面内弯曲振动模态的波腹数为 $2n$ 时，定义该弯曲模态的振型属第 n 阶，记作 B_n。

圆环面内振动的固有频率已有经典的解析式子，而长环形梁由于含有直梁段，其结构的对称性相对于圆环有一定的局限，故用解析方法很难确定其固有频率及振型，因此有限元法得到了很好的应用。

长环形结构是由圆环演变而来的，下面从一个圆环起始，根据等式 $r=(2\pi R_0-2l)/(2\pi)$，保持圆环轴线长度为一固定值，式中 R_0 代表圆环中心线半径，l、r 与图 4. 2 中符号相一致。取 $R_0=80$ mm，长环形梁的厚度 $h=4$ mm，宽度 $b=6$ mm，$l/r=10$，材料为黄铜，弹性模量 $E=110$ GN/m^2，密度 $\rho=8400$ kg/m^3，单元类型选用 BEAM3，利用有限元软件，对圆环及长环形梁的面内弯曲振动模态进行分析，得到 $B_2\sim B_{10}$ 阶振型及固有频率，将二者的模态分析结果进行对比，如图 4. 3 所示。

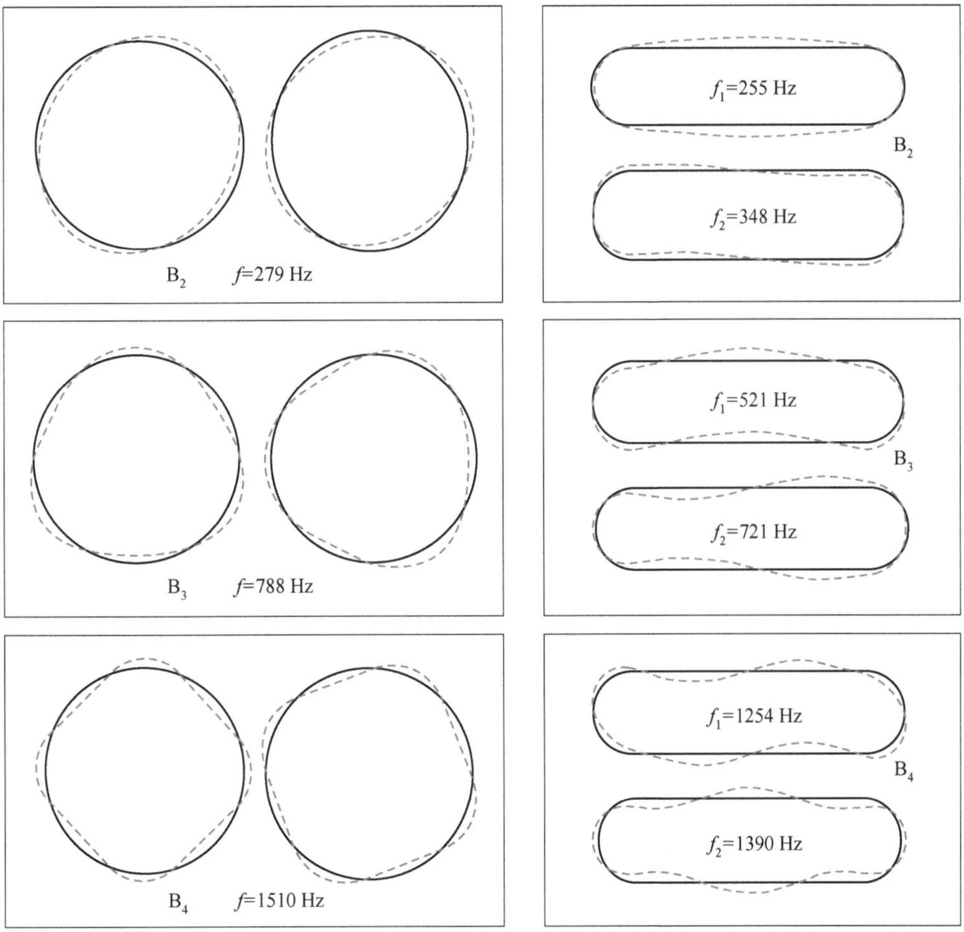

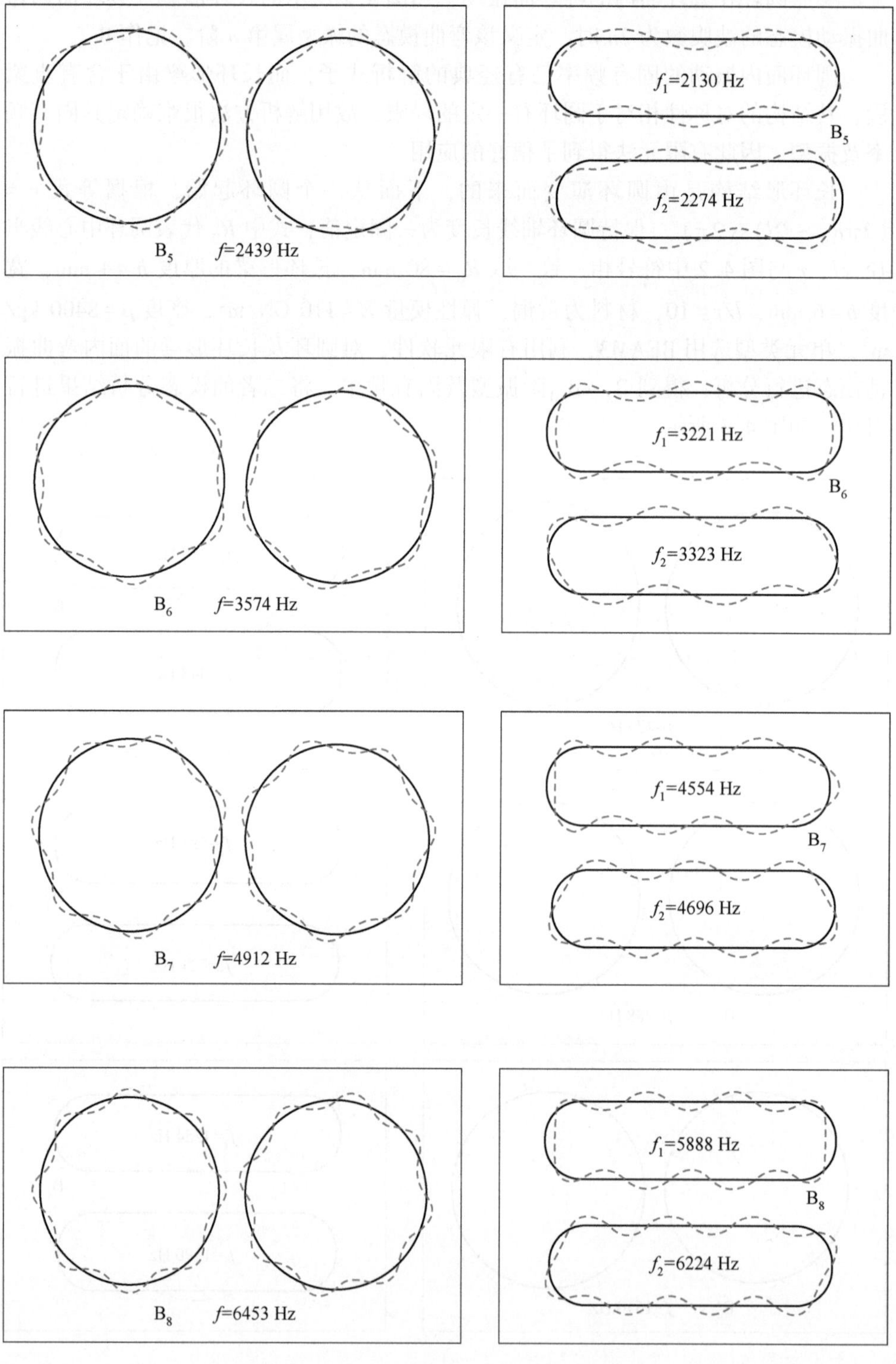
B5　f=2439 Hz
f1=2130 Hz
B5
f2=2274 Hz
B6　f=3574 Hz
f1=3221 Hz
B6
f2=3323 Hz
B7　f=4912 Hz
f1=4554 Hz
B7
f2=4696 Hz
B8　f=6453 Hz
f1=5888 Hz
B8
f2=6224 Hz

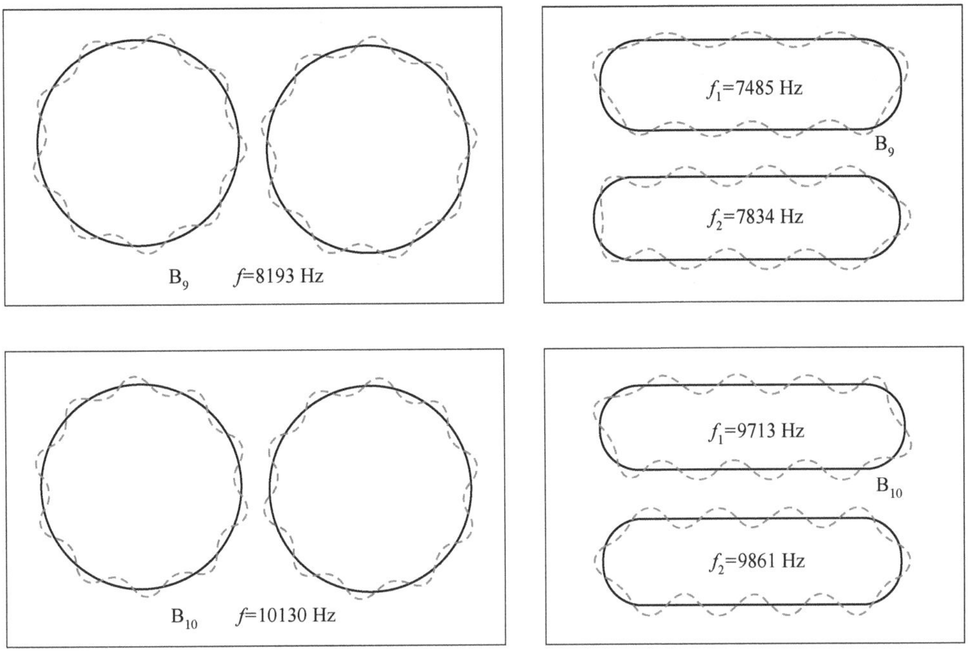

图 4.3 圆环及长环的面内弯曲振动模态

4.1.2 长环形梁的振型对称性

长环形结构面内弯曲振动的振型特性，如波长均匀性、振型对称性、空间相位差等方面已有人做了初步探讨。

就振型对称性而言，如所熟知的，对于偶数阶 B_{2n} 的两个同阶振型，一个振型既关于 x 轴又关于 y 轴对称，另一个振型关于几何中心——原点对称；奇数阶 B_{2n+1} 的两个同阶振型，一个关于 x 轴对称，另一个关于 y 轴对称。以往对对称性的判断都是从直观上加以确定的，没有很好的说服力，本书在现有结论之上，着重对振型对称性加以分析。任取长环形结构的一个尺寸组合，例如取长环形梁的厚度 $h=5$ mm，宽度 $b=6$ mm，直梁段长度 $l=155$ mm，环中心线半径 $r=30$ mm，材料属性定义同前，单元类型选用 BEAM3，考虑精度要求，单元尺度选用1 mm，任选偶数和奇数阶次，以 B_{12}、B_{13} 为例，从数学上针对图形对称性的严格定义出发，利用有限元方法提取任意节点的坐标及其在 x、y 方向上的位移，判断对称性。

图 4.4 所示为 B_{12} 面内弯曲振动模态分析结果，为了更清晰地观察振型，图中并未显示出单元形状，两模态固有频率分别为 17945 Hz、18109 Hz，频率相差 164 Hz。从位于左半平面的上直梁段上任取三个节点 1、2、3，相应的在右半平

面上对称的取三个节点 4、5、6，这样上半平面就存在着 6 个不独立的节点，随之与上半平面对称的下半平面的 6 个节点 1′、2′、3′、4′、5′、6′也依次产生。表 4.1 中列出了被选节点坐标及两个模态下被选节点的变形量，为了更具说服力，变形量均保留到小数点后十二位数字。利用数学知识不难看出，模态一的振型既关于 x 轴又关于 y 轴对称，模态二的振型关于几何中心——原点对称，结论与直观上的判断相一致。

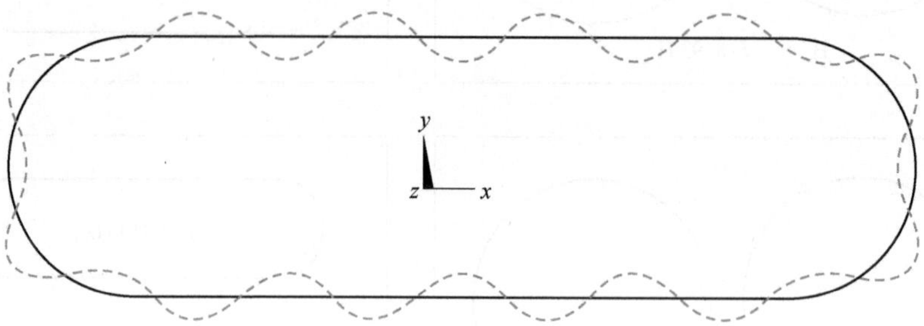

(a)

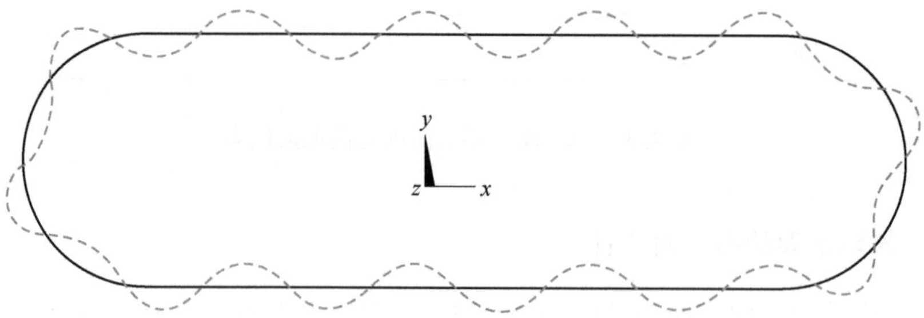

(b)

图 4.4　B_{12} 面内弯曲振动模态

（a）模态一，$f_1 = 17945$ Hz；（b）模态二，$f_2 = 18109$ Hz

表 4.1　B_{12} 模态下被选节点坐标及变形量

点号	坐标/mm	模态一		模态二	
		Δx	Δy	Δx	Δy
1	(−63.5，30)	0.917881252514	3.786285024491	−0.329088188785	0.329088188802
2	(−42.5，30)	0.969555795376	−3.755253830337	0.185186855288	−0.185186855275
3	(−6.5，30)	0.201098867802	−2.137633844367	0.780274282031	−0.780274282034
4	(6.5，30)	−0.201098867908	−2.137633844530	0.780274282025	−0.780274282034
5	(42.5，30)	−0.969555795399	−3.755253830341	0.185186855256	−0.185186855272
6	(63.5，30)	−0.917881252469	3.786285024513	−0.329088188814	0.329088188806

续表 4.1

点号	坐标/mm	模态一		模态二	
		Δx	Δy	Δx	Δy
1′	(−63.5, −30)	0.917881252503	−3.786285024485	−0.203439525650	−0.203439525664
2′	(−42.5, −30)	0.969555795376	3.755253830326	0.231413534663	0.231413534677
3′	(−6.5, −30)	0.201098867822	2.137633844351	3.123322024324	3.123322024332
4′	(6.5, −30)	−0.201098867888	2.137633844537	−3.123322024411	−3.123322024402
5′	(42.5, −30)	−0.969555795396	3.755253830334	−0.231413534864	−0.231413534848
6′	(63.5, −30)	−0.917881252477	−3.786285024507	0.203439525888	0.203439525871

注：表中 Δx、Δy 表示沿 x、y 方向的变形量，而且均为相对值。

图 4.5 所示为 B_{13} 面内弯曲振动模态分析结果，两模态固有频率分别为 21226 Hz、21270 Hz，频率相差 44 Hz。取节点的方式同 B_{12}，被选节点坐标及两个模态下被选节点的变形量见表 4.2，运用相同的判断方法，不难得出，模态一的振型关于 y 轴对称，模态二的振型关于 x 轴对称，符合直观上的判断。

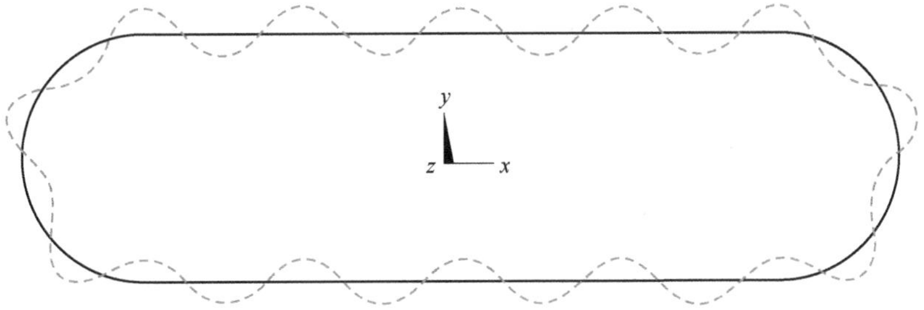

(a)

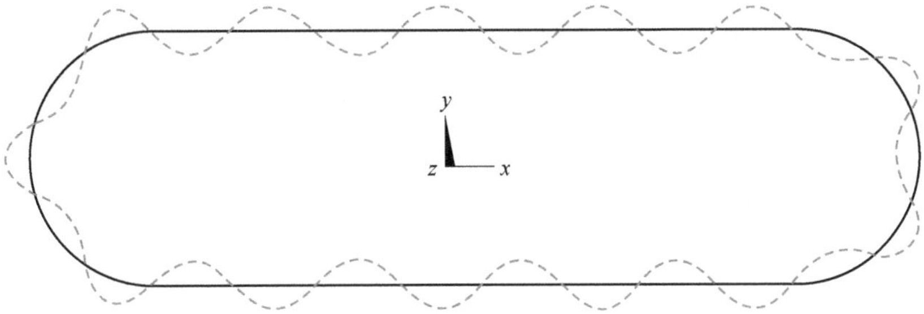

(b)

图 4.5 B_{13} 面内弯曲振动模态

(a) 模态一，$f_1 = 21226$ Hz；(b) 模态二，$f_2 = 21270$ Hz

表 4.2　B_{13}模态下被选节点坐标及变形量

点号	坐标/mm	模态一		模态二	
		Δx	Δy	Δx	Δy
1	(-72.5，30)	-0.114124960147	2.632499710575	-0.670406996889	-2.790063963761
2	(-52.5，30)	-0.235609441213	-2.341746653457	-0.269722903340	3.036877812218
3	(-14.5，30)	-0.128409589246	-2.722714826633	0.644800802555	2.726416146665
4	(14.5，30)	0.128409589129	-2.722714825978	0.644800802405	-2.726416147301
5	(52.5，30)	0.235609441262	-2.341746652731	-0.269722903611	-3.036877812753
6	(72.5，30)	0.114124960267	2.632499709963	-0.670406997014	2.790063964481
1′	(-72.5，-30)	0.114124960275	2.632499709970	-0.670406996862	2.790063964335
2′	(-52.5，-30)	0.235609441255	-2.341746652801	-0.269722903294	-3.036877812724
3′	(-14.5，-30)	0.128409589110	-2.722714826046	0.644800802578	-2.726416147246
4′	(14.5，-30)	-0.128409589255	-2.722714826565	0.644800802379	2.726416146714
5′	(52.5，-30)	-0.235609441197	-2.341746653382	-0.269722903656	3.036877812246
6′	(72.5，-30)	-0.114124960130	2.632499710563	-0.670406997039	-2.790063963910

注：表中 Δx、Δy 表示沿 x、y 方向的变形量，而且均为相对值。

以上对称性的分析，阶次和节点的选取都是任意的，鉴于篇幅有限，大量的分析数据不能一一列出，但可以推断对于任意阶次的两同阶面内纯弯曲振型，无论其频率相差多大，有关其对称性的结论都是普遍适用的，而且均可以用数学方法得到准确论证。

4.1.3　长环形梁面内振动规律

众所周知，圆环面内振动的规律已成体系，而对于长环形结构，早在 1995 年 Seemann 和 Hagedorn 就提出了此种结构并对其进行了较为详细的研究，得出了一系列规律。本书在已有规律基础之上继续对长环形结构进行研究，探求其内在的规律。

仍以 $R_0=80$ mm 的圆环起始，利用等式 $r=(2\pi R_0-2l)/(2\pi)$，长环形梁的厚度 $h=4$ mm，宽度 $b=6$ mm，材料属性等的定义同前，分析当 l 与 r 呈一定比例时，长环形梁在相同阶次下两模态固有频率的变化规律。l 与 r 的比值 n 在 0.2~10 范围内取值，步长为 0.2，n、r、l 的具体数值列于表 4.3。分别对 B_{15}、B_{16}、B_{17}、B_{18}阶模态的振型及固有频率进行分析，结果显示于图 4.6。从图中可以看出，同阶两个振型的固有频率一般不等，而且当保持 l/r 在一定数值范围内时，通过优化梁的几何结构尺寸，一般可以找到频率差几乎为零的振型，但当 l/r 继续增大时，将很难找到频率相近的两弯曲振型。

表 4.3　n、r、l 的数值

n	r	l	n	r	l
0. 2000	75. 2119	15. 0424	3. 6000	37. 2801	134. 2084
0. 4000	70. 9645	28. 3858	3. 8000	36. 2060	137. 5829
0. 6000	67. 1712	40. 3027	4. 0000	35. 1921	140. 7683
0. 8000	63. 7629	51. 0103	4. 2000	34. 2334	143. 7801
1. 0000	60. 6838	60. 6838	4. 4000	33. 3255	146. 6322
1. 2000	57. 8883	69. 4660	4. 6000	32. 4646	149. 3370
1. 4000	55. 3390	77. 4747	4. 8000	31. 6470	151. 9055
1. 6000	53. 0049	84. 8078	5. 0000	30. 8696	154. 3478
1. 8000	50. 8596	91. 5473	5. 2000	30. 1294	156. 6730
2. 0000	48. 8812	97. 7625	5. 4000	29. 4240	158. 8893
2. 2000	47. 0510	103. 5123	5. 6000	28. 7508	161. 0042
2. 4000	45. 3529	108. 8470	5. 8000	28. 1077	163. 0245
2. 6000	43. 7731	113. 8101	6. 0000	27. 4927	164. 9564
2. 8000	42. 2997	118. 4391	6. 2000	26. 9041	166. 8056
3. 0000	40. 9222	122. 7666	6. 4000	26. 3402	168. 5772
3. 2000	39. 6316	126. 8211	6. 6000	25. 7994	170. 2762
3. 4000	38. 4199	130. 6277	6. 8000	25. 2804	171. 9067

续表 4.3

n	*r*	*l*	*n*	*r*	*l*
7.0000	24.7818	173.4729	8.6000	21.4049	184.0820
7.2000	24.3026	174.9786	8.8000	21.0464	185.2082
7.4000	23.8415	176.4271	9.0000	20.6997	186.2974
7.6000	23.3976	177.8217	9.2000	20.3643	187.3512
7.8000	22.9699	179.1653	9.4000	20.0395	188.3714
8.0000	22.5576	180.4607	9.6000	19.7250	189.3596
8.2000	22.1598	181.7104	9.8000	19.4201	190.3173
8.4000	21.7758	182.9167	10.0000	19.1246	191.2458

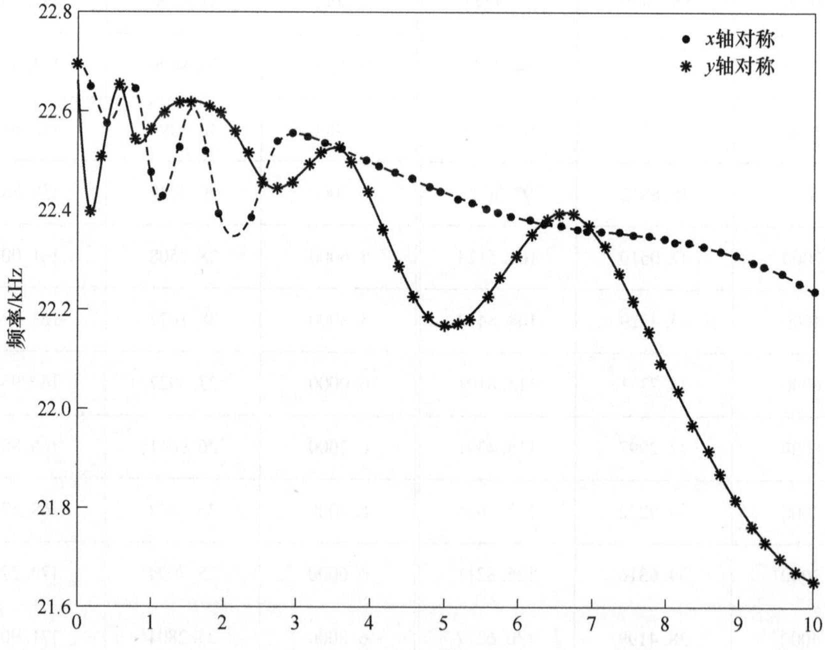

(a)

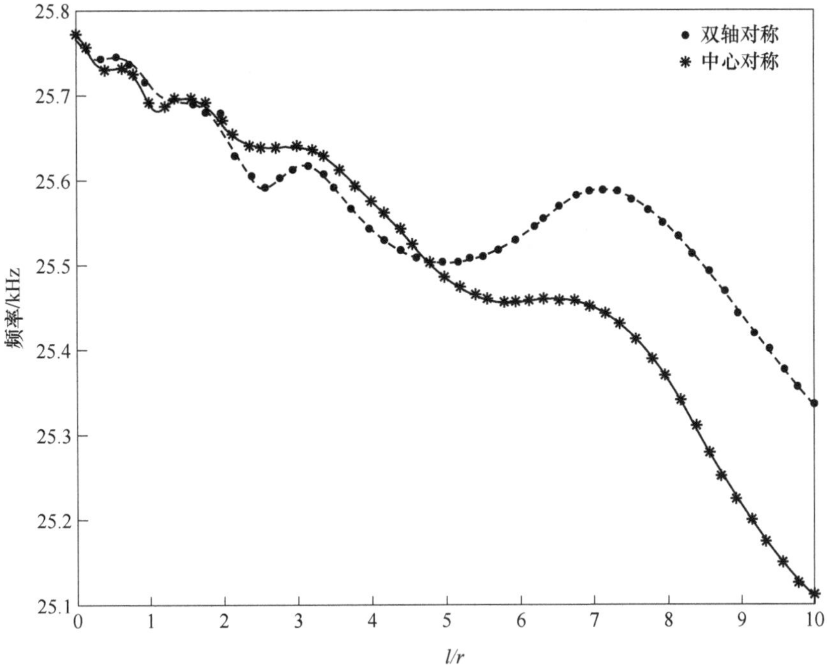
● 双轴对称
✱ 中心对称
25.8
25.7
25.6
25.5
25.4
25.3
25.2
25.1
频率/kHz
0 1 2 3 4 5 6 7 8 9 10
l/r

(b)

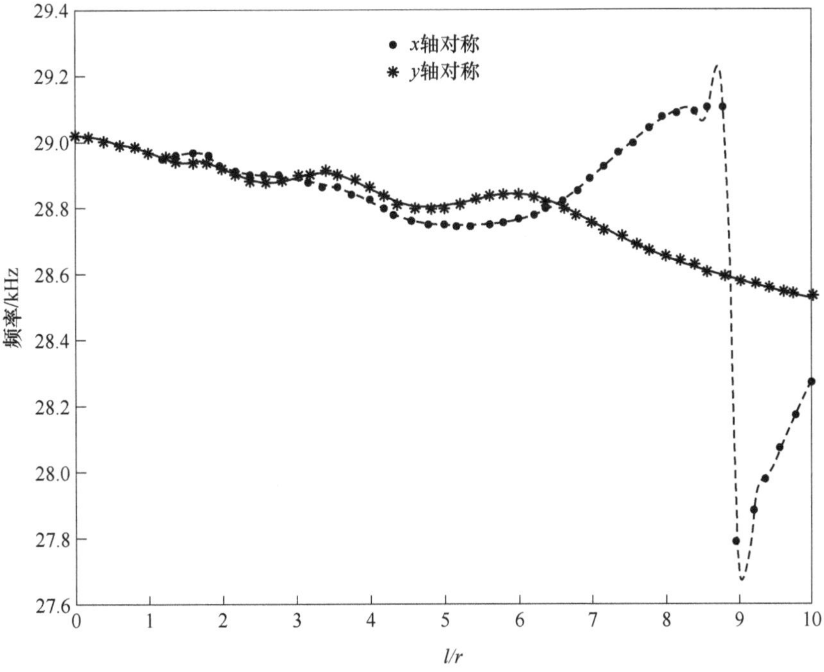
● x轴对称
✱ y轴对称
29.4
29.2
29.0
28.8
28.6
28.4
28.2
28.0
27.8
27.6
频率/kHz
0 1 2 3 4 5 6 7 8 9 10
l/r

(c)

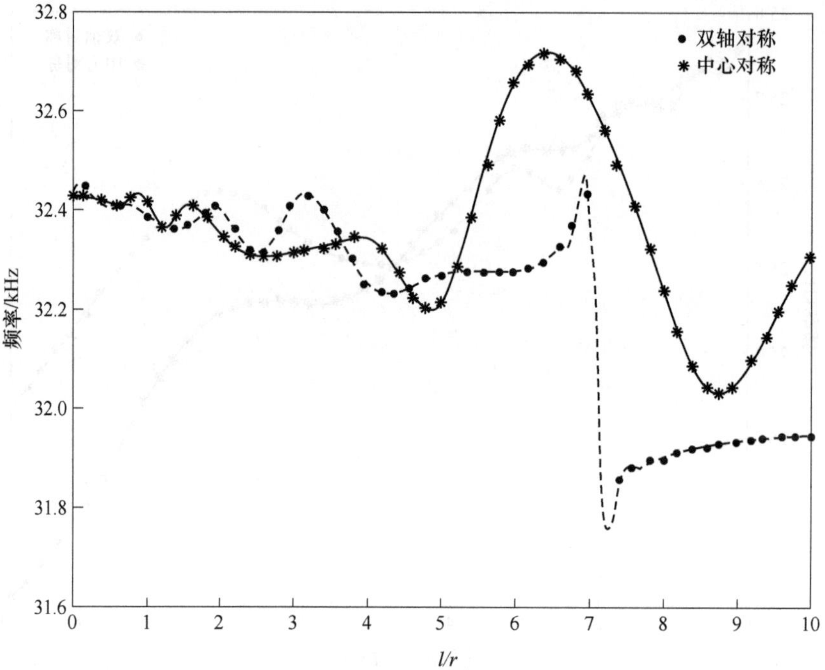

(d)

图 4.6　同阶两模态固有频率随 l 与 r 的变化

（a）B_{15}阶；（b）B_{16}阶；（c）B_{17}阶；（d）B_{18}阶

保持 l 与 r 的比值 n 不变，将表 4.3 中的 l 与 r 值同时扩大二倍，长环形梁的厚度 h 也扩大二倍，宽度 b 保持不变，以 $R_0 = 160$ mm 的圆环起始，仍然对 B_{15}、B_{16}、B_{17}、B_{18}阶模态的振型及固有频率进行分析，结果如图 4.7 所示，很明显，图 4.7 中的曲线与图 4.6 中对应的曲线形状基本一致，只是在相同 n 值下，同阶振型对应的两固有频率值几乎下降为原有尺寸下的二分之一，由此可以推断，长环形梁结构在保持几何学上相似的同时也保持了动力学上的相似。

4.1.4　输送振子的设计构想

本书在现有的一种长环形超声物料输送装置的基础之上，设计一种具有对称结构的超声振动给料装置。原长环形振子的结构如图 4.8 所示。由于该种结构的振子是在上直梁段的外侧设计凸齿结构，在下直梁段的外侧粘贴陶瓷片，造成振子结构的上下严格不对称，致使在进行有限元分析时寻找最优模态颇有一定难度，而且随着宽度尺寸的进一步拓宽，其宽度方向上较易发生明显的弯曲变形。综合上述问题，本书设计的双对称轴结构的输送振子将在原有长环形振子结构基础之上做合理改进，以期达到最佳的设计效果。该对称结构的引入，加之为减少

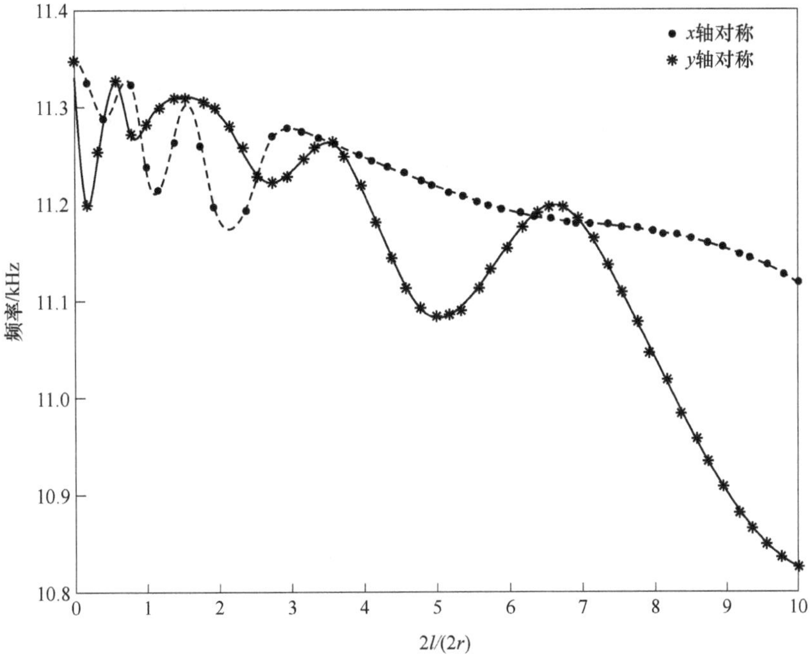

x轴对称
y轴对称
频率/kHz
11.4
11.3
11.2
11.1
11.0
10.9
10.8
0
1
2
3
4
5
6
7
8
9
10
2l/(2r)

(a)

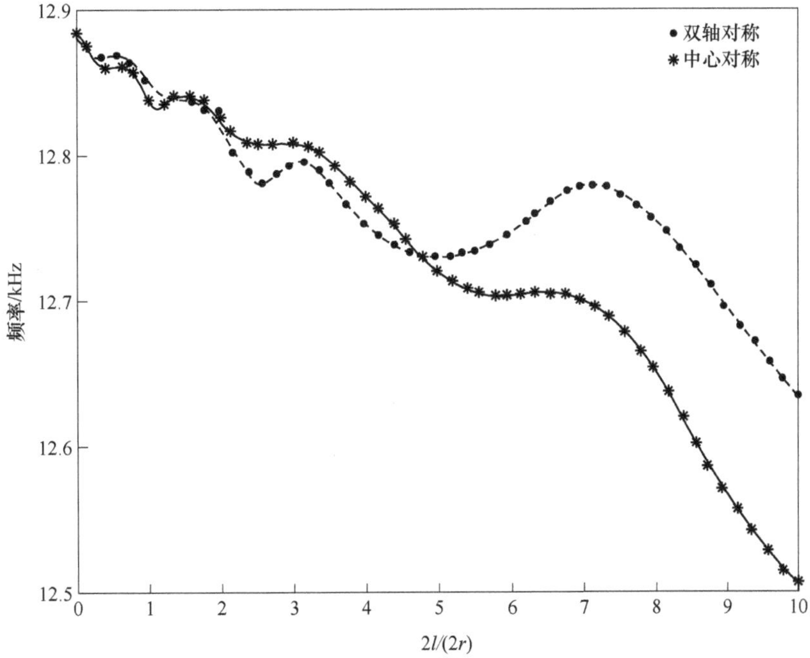

双轴对称
中心对称
频率/kHz
12.9
12.8
12.7
12.6
12.5
0
1
2
3
4
5
6
7
8
9
10
2l/(2r)

(b)

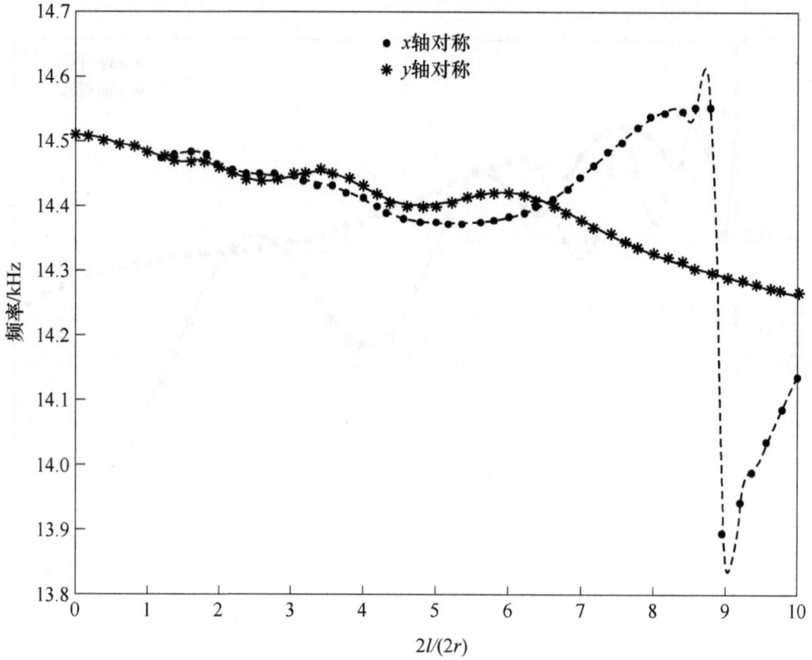

(c)

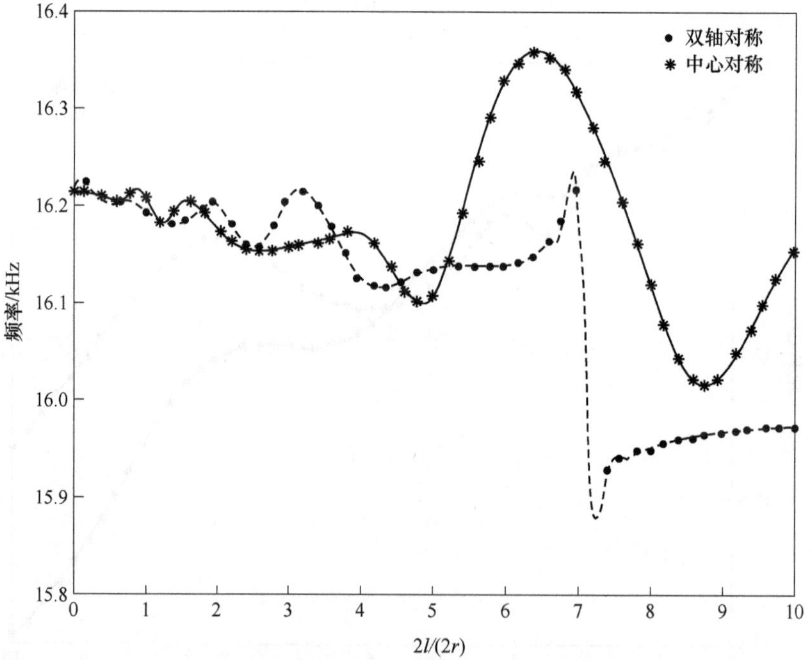

(d)

图 4.7　同阶两模态固有频率随 $2l$ 与 $2r$ 的变化

(a) B_{15}阶；(b) B_{16}阶；(c) B_{17}阶；(d) B_{18}阶

不必要的中空结构，势必给压电陶瓷片的粘贴技术增加一些难度，因为结构调整后，压电陶瓷片的粘贴位置只能位于上下两直梁段的内侧。然而从理论上分析，该对称结构振子的寿命将会是原有长环形振子寿命的两倍，因为当上下两输送面其一因长期磨损导致输送性能下降时，可以利用另一输送面，使输送振子得以继续工作，相应地延长了输送振子的寿命。

图 4.8 原长环形振子的结构

行波超声振动给料装置的输送性能与输送振子的振动特性密切相关，因此输送振子的动态设计是整个设计的关键所在，主要包括振子弹性体及压电陶瓷片的设计。为了提高振子的输送速率，即放大振子表面振幅，在振子弹性体的上下两直梁段外侧仍旧设计凸齿结构。由于合成面内弯曲行波的条件是在振子体内激发出两相近似正交的同阶面内弯曲振动模态，这就要求在进行理论分析时找到这两个近似正交的同阶面内弯曲模态。为了降低寻优的难度，即希望更好地控制模态，故在设计过程中严格遵循一个原则，笔者称之为四分之一原则（详见 3.1 节）。设计的对称结构振子的雏形如图 4.9 所示，图中剖面线即为压电陶瓷片的位置。从图 4.9 中清晰可见，该对称结构振子上下两直梁段的凸齿齿数较图 4.8 有所减少，齿宽有所增大，这是由于振子后期加工采用的是线切割技术，为了达到更高的性价比。

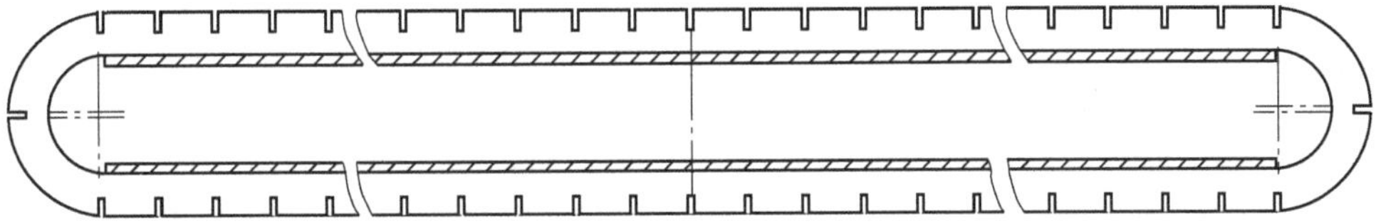

图 4.9 对称输送振子的雏形

本节分析了环形结构面内弯曲振动的固有特性，给出了圆环及长环形梁面内弯曲振动模态阶次的定义及圆环面内弯曲振动固有频率的解析式。以有限元软件 ANSYS 为主要工具，对圆环及长环形梁的面内弯曲振动模态进行了对比分析，应用数学方法论证了长环形梁的振型对称性，探求了长环形梁面内弯曲振动的内在规律，最后提出了对称输送振子的雏形。

4.2　对称输送振子的模态控制

行波超声振动给料装置输送物料的关键是必须在振子体内产生单向行波，而合成面内弯曲行波的条件是要找到振子的两个同阶的具有正交振型的面内弯曲振动驻波，且这两个驻波的固有频率差值应尽可能地小。为此本节应用有限元软件的 APDL 语言对上一节提出的输送振子雏形进行参数化建模，并严格控制某些结构的尺寸参数。通过模态分析，发现很难找到具有正交振型的弯曲模态，最终转换思路，更改振子的结构，利用开槽思想对更改后的振子进行了良好的模态控制。

4.2.1　对称输送振子的模态分析

解析法所能解决的问题一般是比较规整的、理想的，往往实际情况并非如此理想。因而对于本书所要设计的这种带齿的、由复合材料构成的环状振子，如果采用解析法进行理论分析会比较困难，往往需要进一步简化模型，从而使理论分析模型难以模拟实际情况，因此很难获得较高的精度。而利用有限元方法进行建模、分析、确定输送振子的结构及振动特性，不仅容易实现，而且能够获得定量化的分析结果。

本章应用 ANSYS 软件，针对提出的对称输送振子的面内弯曲振动模态进行数值分析。在进行有限元分析时（未考虑黏结层的影响），弹性体采用 SOLID45 八节点六面体单元，压电陶瓷采用 SOLID5 机电耦合单元，网格划分采用映射模式，单元大小规定为 1 mm。模态分析的目的是找到两个理想的面内弯曲振动模态，进而确定振子各部分结构尺寸，因此在分析之前需要对各结构参数进行设置。表 4.4 给出了在进行有限元分析时部分参数的具体设置。

表 4.4　有限元分析时部分参数的设置

部　　件	弹性模量/GPa	密度/(kg · m^{-3})	泊松比
弹性体（黄铜 59）	1.1	8400	0.3
压电陶瓷（PZT-181）	各向异性	7850	

压电陶瓷 PZT-181 的其他参数设置如下。

压电陶瓷的介电常数矩阵为：

$$[\varepsilon^s] = \begin{bmatrix} 740 & 0 & 0 \\ 0 & 624 & 0 \\ 0 & 0 & 740 \end{bmatrix} \times \varepsilon_0$$

其中：$\varepsilon_0 = 8.854 \times 10^{-12}(\mathrm{C}/(\mathrm{V} \cdot \mathrm{m}))$

压电陶瓷的刚度矩阵为：

$$[C] = \begin{bmatrix} 15.230 & 8.547 & 8.909 & 0 & 0 & 0 \\ 0 & 13.140 & 8.547 & 0 & 0 & 0 \\ 0 & 0 & 15.230 & 0 & 0 & 0 \\ 0 & 0 & 0 & 2.830 & 0 & 0 \\ 0 & 0 & 0 & 0 & 2.830 & 0 \\ 0 & 0 & 0 & 0 & 0 & 3.161 \end{bmatrix} \times 10^{10}$$

压电陶瓷的压电矩阵为：

$$[e] = \begin{bmatrix} 0 & -4.5 & 0 \\ 0 & 14.7 & 0 \\ 0 & -4.5 & 0 \\ 11.0 & 0 & 0 \\ 0 & 0 & 11.0 \\ 0 & 0 & 0 \end{bmatrix}$$

上一节中笔者提到了一个四分之一原则，它是本书设计过程中围绕的一个核心，下面将对其具体意义进行更为详细的解释。图 4.10 为对称输送振子齿部分的局部放大图，图中 l_1 为振子弹性体的齿长，齿缝隙为 l_2，基体厚度为 h_1，齿高为 h_2，齿缝隙间距为 c。由于合成面内弯曲行波的条件是要找到频率、振幅相等，空间和时间相差 90°的两个弯曲振动驻波，故在进行参数化设计时严格控制齿与齿缝隙的长度之和满足四分之一波长，对应图中即有 $c = l_1 + l_2 = \lambda/4$，同时保证振子的周长为振子弯曲振动波长的整数倍，以降低寻找的难度。

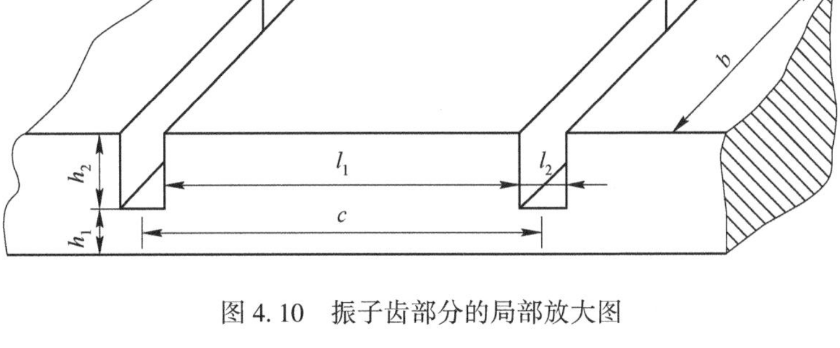

图 4.10 振子齿部分的局部放大图

分析过程中发现，无论对各尺寸参数进行怎样的调整和组合，均很难找到两个理想的弯曲振动模态。当频率差降下来时，对应的振型不太理想，而当振型较好时，频率差又相差甚远，而且有的振型还出现了显著的波长不均匀性，甚至在两个同阶模态之间还夹杂着其他阶次的振型。由于设计的对称输送振子是希望其可以在宽度方向上进行模块化组合的，因此在分析时，还要同时观察振子在宽度方向上的横向振动，而实际上宽度方向上伴随的这种弯曲振动也是很明显的，种种的弊端，致使该种结构的振子不能为笔者所用，故需对振子的结构做进一步改进。改进过程中发现，造成振子弯曲振动模态不理想的最可能因素就是陶瓷片的结构及其粘贴位置，故在振子上、下两直梁段内侧贴满整片陶瓷的设计思想是不可行的，从而引入了图 4.11 所示的振子结构。

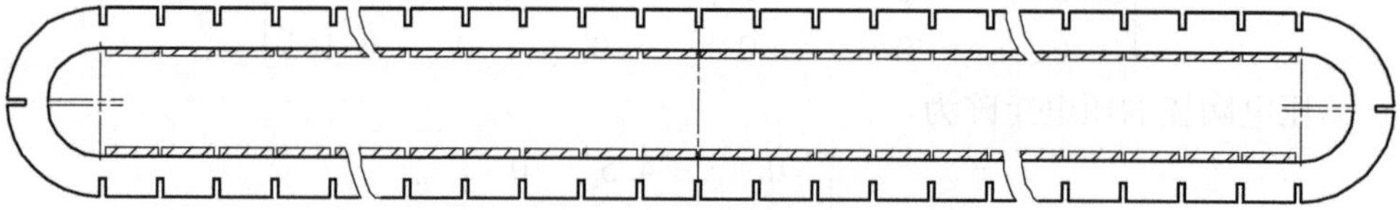

图 4.11　粘贴独立陶瓷片的输送振子

图 4.11 是在图 4.9 的基础之上，将整片陶瓷换成了一个个独立的小陶瓷片，然而分析时发现即便是此种结构能够找到符合要求的弯曲振动模态，但粘贴陶瓷片的位置精度却是很难保证的。于是设想在振子弹性体的基体表面适当开槽，一方面可以改善陶瓷片的定位精度，另一方面希望能够在缩短分析过程的同时达到对模态的修正。

4.2.2　结构开槽与振子模态控制

图 4.12 所示为开槽后的振子结构示意图。

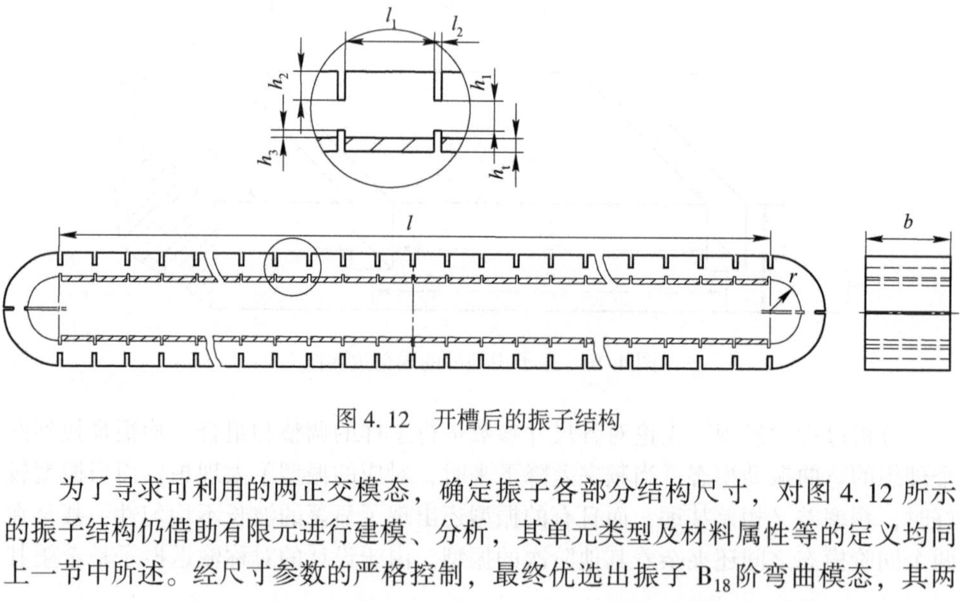

图 4.12　开槽后的振子结构

为了寻求可利用的两正交模态，确定振子各部分结构尺寸，对图 4.12 所示的振子结构仍借助有限元进行建模、分析，其单元类型及材料属性等的定义均同上一节中所述。经尺寸参数的严格控制，最终优选出振子 B_{18} 阶弯曲模态，其两个振型下的固有频率分别为 21747 Hz 和 21835 Hz，频率差为 88 Hz。输送振子各结构尺寸：上、下两直梁段的长度 l 为 208.5 mm，振子宽度 b 为 16 mm，两端圆弧的内半径 r 为 5.7 mm，基体厚度 h_1 与齿高 h_2 均为 2 mm，齿长 l_1 与陶瓷片长均为 6 mm，齿缝隙 l_2 为 0.5 mm，槽深 h_3 与槽长均为 0.5 mm，陶瓷片厚度 h_t 为 1 mm，上、下直梁段所含的齿数均为 32 个。由于较大的频率差值不利于行波的合成，因此需在不影响振型的前提之下，调整振子的某些几何尺寸来减小频率差。经参数灵敏度分析，发现两端圆弧的内半径 r 为最佳优化对象，为此对其进行了小幅度调整，最终将两端圆弧的内半径 r 定为 5.3 mm，有限元分析的最终结果如图 4.13 所示，其两正交模态的固有频率分别为 21921 Hz 和 21923 Hz，频率差为 2 Hz。图 4.13 中示出了振子变形前后的形态，仔细观察，会发现位于波腹位置的齿缝隙与开槽处在变形前后基本保持在同一个竖直方向上，因此断定对振子弹性体进行开槽处理的方法可以有效控制振子的弯曲振动模态。

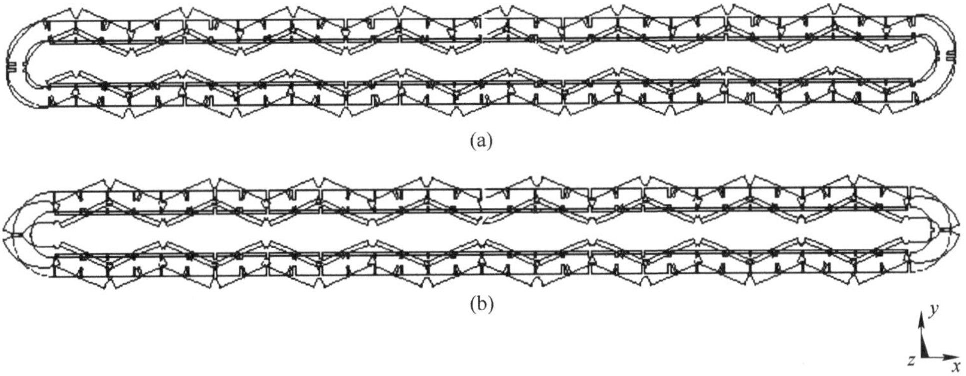

图 4.13 输送振子 B_{18}阶正交模态图

(a) $f_1 = 21921$ Hz；(b) $f_2 = 21923$ Hz

本节对输送振子的动态设计展开了系统的理论分析，设计过程中严格遵循四分之一波长原则，最终提出一种能够控制振子振动模态的可行方案，即在振子弹性体表面适当开槽，从而强制设定振型的波腹位置，使输送振子工作在理想的模态下。经试验验证，证实了模态控制的可行性，为今后该类输送振子的设计提供了依据。

4.3 超声振动给料装置的系列设计及样机制作

通过增加齿缝隙的方法，再次优化了振子的振动模态。由于设计的输送振子是希望其可以在宽度方向上进行模块化组合的，因此对超声振动给料装置的输送振子进行了系列化设计，最终优选出一种结构对其进行了加工制作。

4.3.1　输送振子的结构设计

上一节已经通过有限元法确定出了一个上、下直梁段均含有 32 个齿数的振子结构，但是如果从该振子的 B_{18} 阶振型上进行观察的话，会发现每个驻波的波形与锯齿波的形状极为相似，而实际上构成行波的两列驻波波形应该是近似于正弦波形的。分析过程中判断出导致此现象的原因在于齿与其缝隙的长度比过大，此外，振子表面齿数增多有利于增大振子的横向振幅。鉴于此，对该种结构的振子齿数进行了调整，即在原有齿的中心位置增加一个齿缝隙，相应的齿数也增加了一倍，修改后的振子结构示意图如图 4.14 所示。

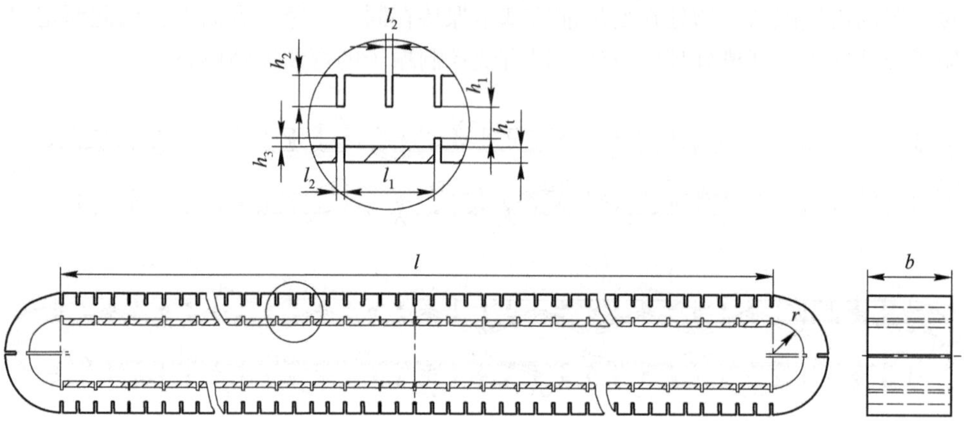

图 4.14　振子结构示意图

有限元结果表明，齿缝隙的增加有效降低了振子的弯曲刚度，但是并没有影响到输送振子的振动阶次，其阶次仍为 B_{18}，严格控制尺寸得到两弯曲振型的固有频率分别为 20361Hz 和 20391Hz，频率差为 30 Hz。微调两端圆弧的内半径 r 至 5.9 mm，固有频率变为 20326 Hz 和 20327 Hz，频率差降为 1 Hz，对应两模态的振型显示于图 4.15。很明显，图 4.15 中的振型较图 4.13 中有明显改进。

4.3.2　对称输送振子的系列设计

本书设计的输送振子是面向实际应用的，更为确切地说是用于散体物料的短距离输送。在生产过程中，当对输送宽度有严格要求的时候，就需要对振子宽度尺寸进行调整，但是随着输送宽度的增加，振子宽度方向上将发生较明显的横向弯曲振动，这将会给振子在输送宽度上的设计带来一定的局限。然而，由于设计出的输送振子是可以在宽度方向上进行模块化组合的，因此可将输送宽度设计在

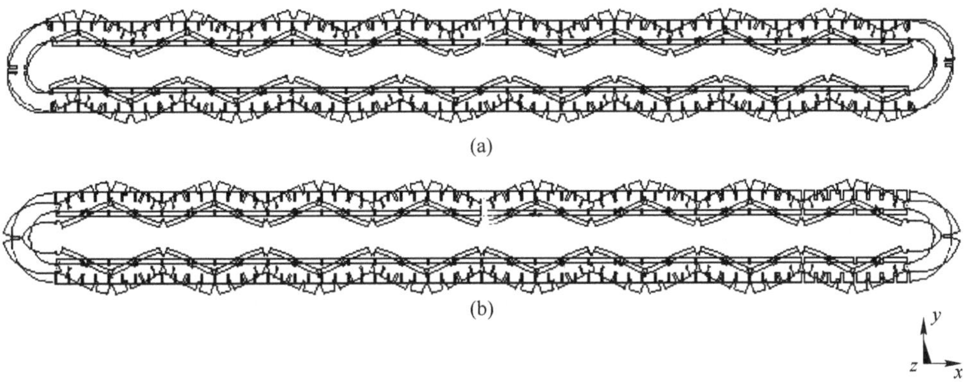

图 4.15 有限元分析结果
(a) $f_1=20326$ Hz；(b) $f_2=20327$ Hz

不发生较大横向弯曲振动的尺寸范围内，采用多个相似结构的组合，同样可以满足实际应用。

为了寻找振子的最佳设计宽度，保持图 4.14 中振子结构的其余尺寸不变，仅宽度方向尺寸改变，从 ANSYS 图形窗口的各个视图下观察振子的弯曲模态，发现不同宽度下对应的振型均极为相似，但是宽度方向上的变形却略有不同，故对宽度尺寸进行了系列化设计，表 4.5 列出了不同宽度下振子两弯曲模态的固有频率及其频率差，将这些不同模型的模态进行对比，最终选取宽度为 16 mm 的振子结构作为实体加工的对象。

表 4.5 不同宽度下振子两弯曲模态的固有频率及频率差

宽度/mm	模态一频率/Hz	模态二频率/Hz	频率差/Hz
14	20301	20299	2
15	20314	20313	1
16	20327	20326	1
17	20338	20339	1
18	20349	20350	1
19	20359	20360	1

续表 4.5

宽度/mm	模态一频率/Hz	模态二频率/Hz	频率差/Hz
20	20368	20370	2
21	20376	20379	3
22	20384	20388	4

4.3.3　振子几何尺寸对振动模态的影响

振动模态与输送振子的设计密切相关，为了了解振子几何尺寸变化趋势对振动模态的影响，以下将就几何尺寸对振子 B_{18} 阶模态的影响加以分析。对应图 4.14，分析的主要对象：振子基体厚 h_1、齿高 h_2、凸台高 h_3、两端圆弧内半径 r、齿缝隙 l_2 以及压电陶瓷厚度 h_t。分析时，保证振子的其他尺寸不变，改变分析对象其一的尺寸观察该尺寸对模态的影响，调整步长为 0.1 mm，分析结果显示于图 4.16。

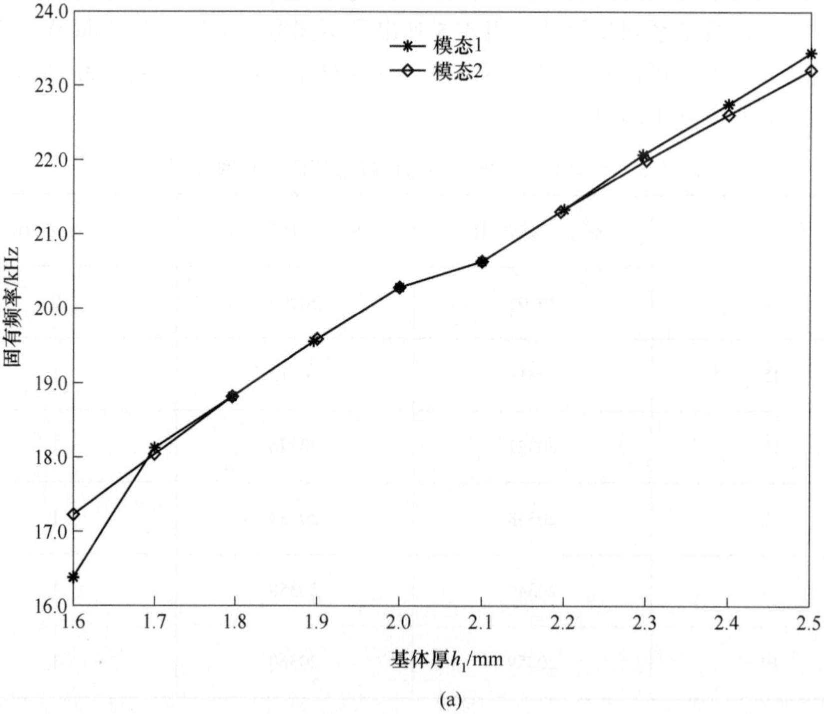

(a)

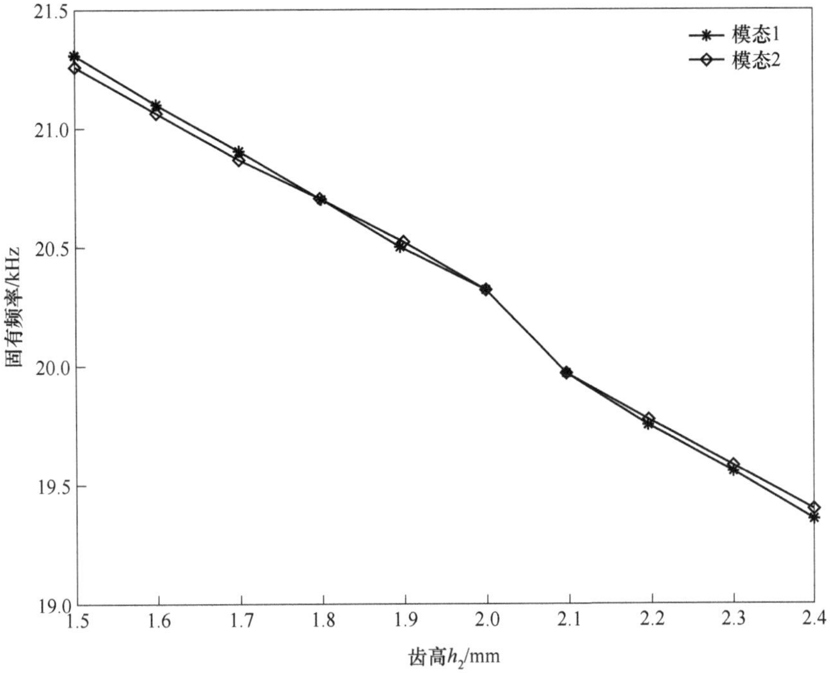

21.5
21.0
20.5
20.0
19.5
19.0
模态1
模态2
固有频率/kHz
1.5
1.6
1.7
1.8
1.9
2.0
2.1
2.2
2.3
2.4
齿高h_2/mm

(b)

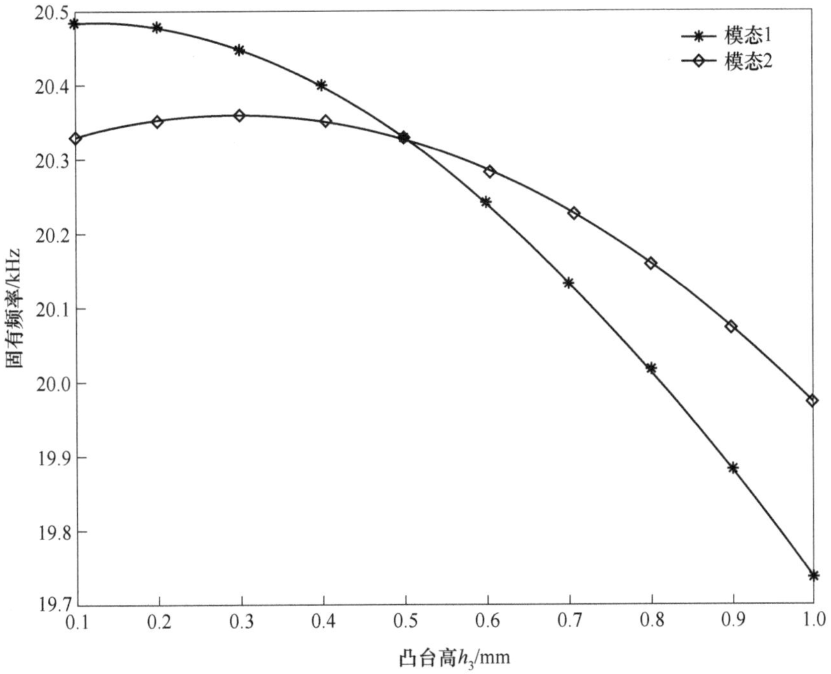

20.5
20.4
20.3
20.2
20.1
20.0
19.9
19.8
19.7
模态1
模态2
固有频率/kHz
0.1
0.2
0.3
0.4
0.5
0.6
0.7
0.8
0.9
1.0
凸台高h_3/mm

(c)

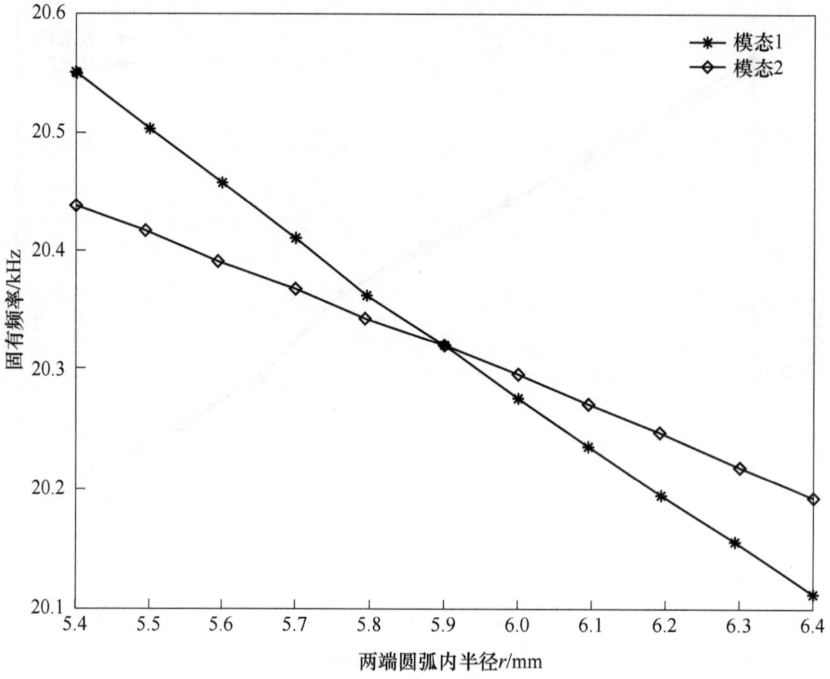
模态1
模态2
固有频率/kHz
两端圆弧内半径r/mm
20.6
20.5
20.4
20.3
20.2
20.1
5.4
5.5
5.6
5.7
5.8
5.9
6.0
6.1
6.2
6.3
6.4

(d)

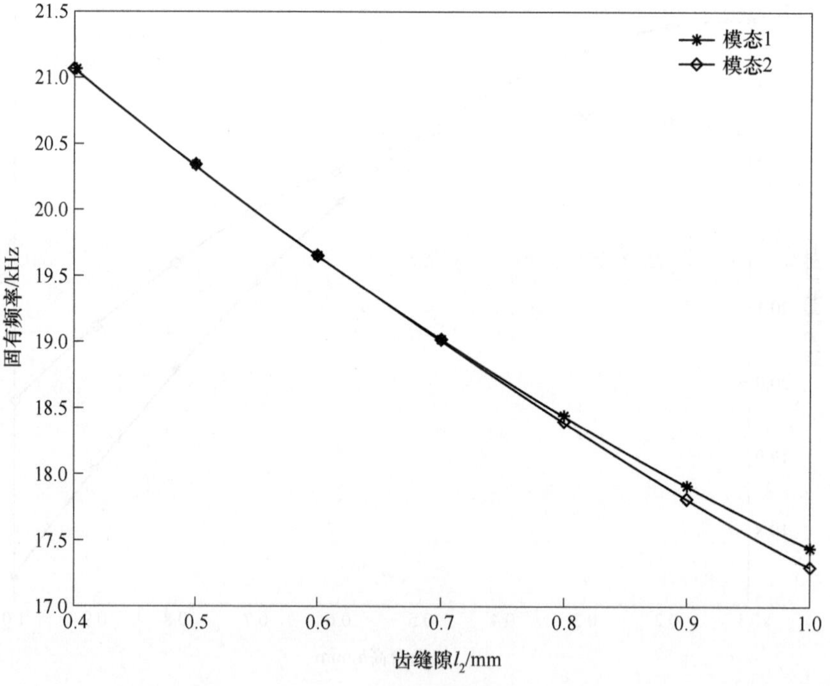
模态1
模态2
固有频率/kHz
齿缝隙l2/mm
21.5
21.0
20.5
20.0
19.5
19.0
18.5
18.0
17.5
17.0
0.4
0.5
0.6
0.7
0.8
0.9
1.0

(e)

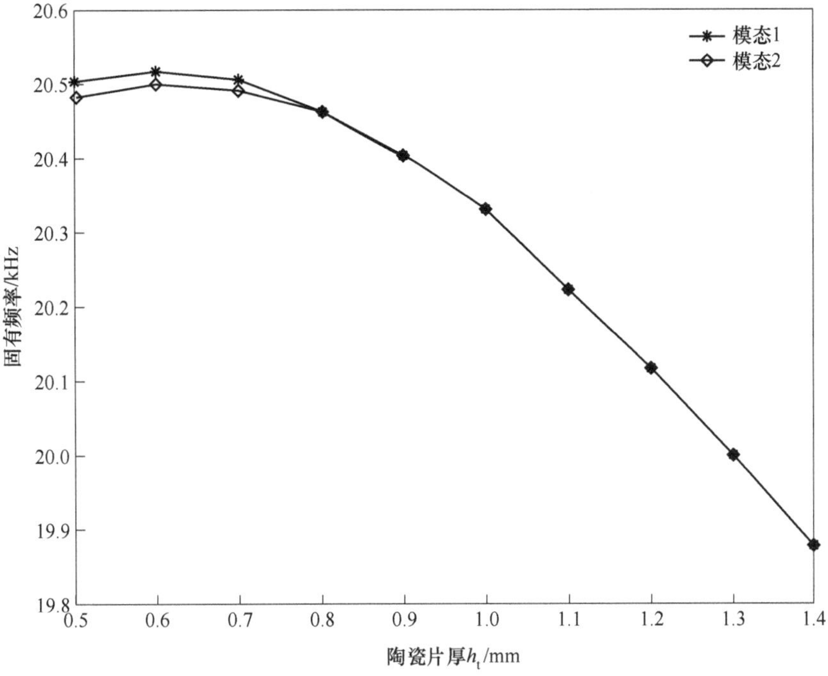

(f)

图 4.16 振子尺寸对模态的影响

(a) 振子基体厚 h_1 对固有频率的影响；(b) 振子齿高 h_2 对固有频率的影响；

(c) 振子凸台高 h_3 对固有频率的影响；(d) 振子两端圆弧内半径 r 对固有频率的影响；

(e) 振子齿缝隙 l_2 对固有频率的影响；(f) 压电陶瓷厚度 h_t 对固有频率的影响

从图 4.16 中的各个分图可以看出，在分析对象——振子基体厚 h_1、齿高 h_2、齿缝隙 l_2 以及压电陶瓷厚度 h_t 下的每两条曲线的重合度均比较好，说明这些参数的改变对两模态固有频率差值的影响不是很大，考虑加工精度时可适当放宽松些。但是从图 4.16（c）（d）看出，振子凸台高 h_3 及两端圆弧内半径 r 这两个参数的变化对两模态固有频率差值的影响较大，故加工时要严格控制其尺寸精度。以上的分析结果不仅能够了解振子几何尺寸对模态影响的灵敏度，而且可以为今后该种类型输送振子的设计提供一定的理论依据。

4.3.4 样机制作

4.3.4.1 振子弹性体的加工

对于一种实用机型的设计而言，要求对整个部件各结构尺寸的加工精度严格控制，这样既保证了对称度、表面粗糙度等的需要，同时也保证了外形上的美观。因此整个振子弹性体的成型方式采用数控线切割机床对其进行加工，一方面可以保证加工精度，另一方面可以保证粘贴陶瓷片时对基片表面的粗糙度要求。完成振子弹性体的机械加工之后，必须对弹性体表面进行物理的或化学的预处理，去除像废屑、灰尘、油污、氧化物等有害杂质。首先，用超声清洗机将黏结在弹性体表面的部分杂质去除，再使用不太锋利的薄刀片将残留在凹槽中的油污去除，然后再经过一次超声清洗，接着将弹性体进行烘干处理，去除表面的水分。

4.3.4.2　压电陶瓷片的粘贴

弹性体与压电陶瓷片的黏结是样机制造过程中的关键技术，它关系到样机能否正常工作。一般要求压电陶瓷与弹性体间有良好的电接触，黏结层的机械阻尼损耗低、动静态剪切强度高、防腐蚀等。

由于样机设计过程中采用了 64 片独立的陶瓷片，而且其全部位于振子两直梁段的内侧，给陶瓷片的粘贴技术增加了难度。为了保证压电陶瓷与弹性体基片间有较高的吻合程度，巧妙利用了弹性体加工后的余料，为陶瓷片的粘贴设计制作了两个具有相同结构的夹具，如图 4.17 所示。实践证明，此种方法行之有效。

图 4.17　夹具照片

首先按图 4.18（“+”“-”号代表陶瓷片的极化方向）所示极性与位置，利用塑料薄膜与双面胶将压电陶瓷准确排布在图 4.17 所示夹具的凹槽内。样机采用环氧树脂与聚酰胺树脂进行黏结。环氧树脂与聚酰胺树脂按一定比例混合后，快速搅拌，搅至乳白色方可。再将搅拌好的胶体薄薄地、均匀地涂抹在弹性体的基片上，压电陶瓷的粘贴面也要进行涂胶，然后将振子弹性体与排布有陶瓷片的

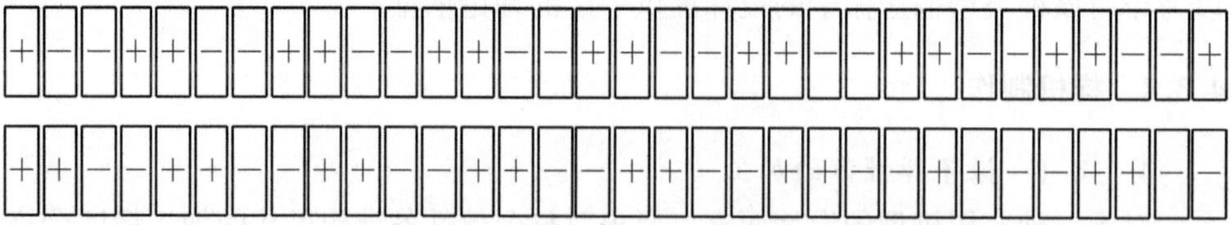

图 4.18　陶瓷片分极示意图

夹具装配一体，为防止陶瓷片与基片间的相对位置发生窜动，使用夹子夹紧，使二者之间的空气尽量被排出，确保胶体能够在黏结表面流动并深入粗糙的凸凹部，以形成牢固的黏结。最后是胶层的固化，将装配后的振子放入烘箱，调整烘箱温度在 50 ℃左右，加热 3~4 h 后冷却，待烘箱内外温度一致时取出。

4.3.4.3 输送振子的引线

对于样机的激励通常由连接在压电陶瓷电极上的引线输入。引线方式有两种：焊接和黏结。焊接引线的方式比较灵活，但若处理不好，将会引起由焊接温度过高而导致的压电陶瓷局部退极化。使用导电环氧将引线连接到电极面上，即用柔性 PCB 板来完成压电陶瓷各分区的连接。本样机采用焊接方式，每片压电陶瓷焊接一根导线，地线由基体上引出。焊接后的样机如图 4.19 所示。样机制作完成后要对其循环正反向切换运行一段时间，以使黏结层内部应力释放，各种阻尼及物理限制减弱，接触界面进一步磨合，从而使输送振子进入稳定运行状态。

图 4.19 样机振子照片

4.3.4.4 样机的装配

本书设计的超声振动给料装置主要由输送振子、支撑结构以及支座构成。

考虑到输送振子的整体结构，支撑结构只能安装在输送振子两圆弧段的内侧，故设计了两个大小、形状相同的支撑棒，如图 4.20 所示。对于支撑棒材料的选择，一般满足输送振子的支撑强度即可，鉴于此，选择材质比较轻、有足够硬度且容易加工的硬铝。目前，输送装置中对输送振子的支撑常采用弹性金属支撑，但若直接采用金属弹性支撑方式将对输送装置的性能产生极大影响，而文献[55-56] 提出一种利用弹性橡胶支撑的新方式，并对橡胶厚度对输送振子固有特性的影响进行了理论分析与试验研究。为此设计在输送振子与支撑棒之间采用弹性橡胶元件作为过渡，选取厚度为 2 mm 的弹性橡胶片，将其与支撑棒黏结在一起。由于输送振子两圆弧段内部结构的特殊性，为防止胶层带来的影响，在黏结有弹性橡胶片的支撑棒与输送振子的连接过程中未涂胶层，而是将其牢固夹紧于输送振子两圆弧段的内表面。

图 4. 20　支撑棒

振动给料装置的作用是使物料能够沿所需方向进行连续输送。为了检测装置的输送性能，保证物料沿输送面有效输送而不滑落，故为输送振子设计了一个带有输送槽的支座。支座结构如图 4. 21 所示。支座制作可选择的材料有多种，不同材料的加工方法也略有区别。考虑到整个样机的质量及外形上的美观，最终选用有机玻璃材质对支座进行加工制作。

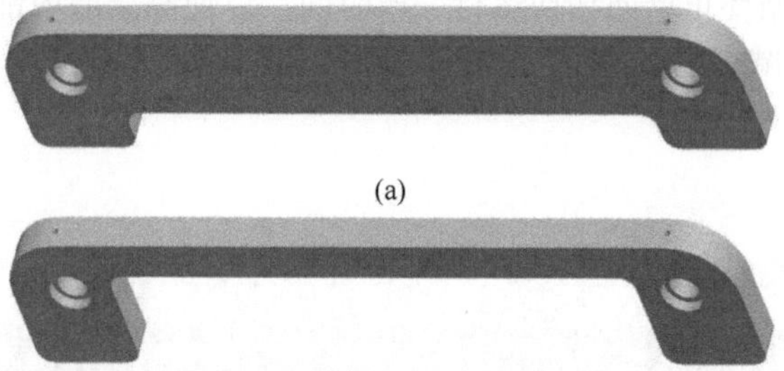

(a)

(b)

图 4. 21　支座

（a）支座前面板；（b）支座后面板

样机整体照片如图 4. 22 所示。输送振子通过支撑棒搭接在支座的通孔内，支撑棒与支座间利用螺钉紧固。

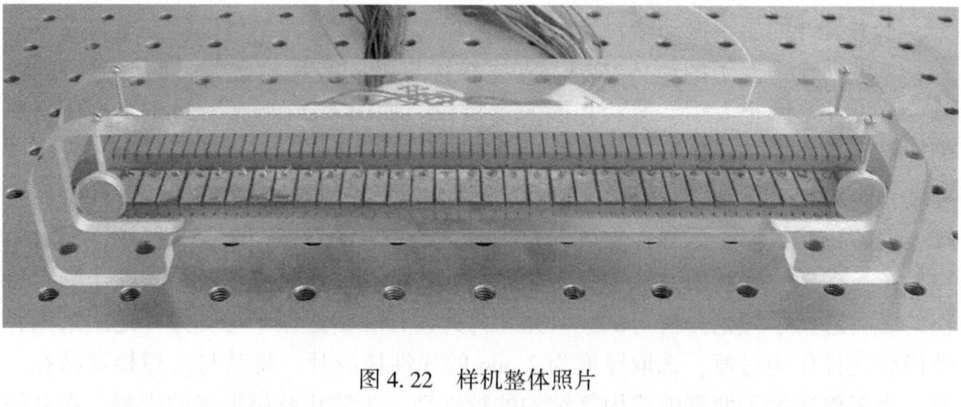

图 4. 22　样机整体照片

本节通过模态分析找到振子的两个 B_{18} 阶面内弯曲振动模态，固有频率分别为 20326 Hz 和 20327 Hz，确定了振子的最优几何结构尺寸，并探讨了振子几何

尺寸对 B_{18}阶弯曲模态的影响，同时介绍了超声振动给料装置原理样机的整体制作过程，包括振子弹性体的加工、压电陶瓷的粘贴工艺、输送振子的引线焊接、支撑结构与支座的设计以及整机的装配。

4.4 超声振动给料装置的整机试验

经有限元分析出的振子工作模态为 B_{18}，固有频率分别为 20326 Hz 和 20327 Hz，频率差为 1 Hz。但是，理论分析的结果是在一定的假设前提下得到的，而且由于振子的加工误差、压电陶瓷片的粘贴、振子材料物理及力学性能的差异等，必然造成理论分析值与实际值之间存在一些偏差。因此，需要通过试验对理论分析结果进行验证。

本节的主要内容有以下几个方面：

（1）测试输送振子 B_{18}阶弯曲模态下的谐振频率；

（2）测试输送振子齿面振幅分布情况以验证模态控制；

（3）测试样机的输送性能。

4.4.1 试验仪器及测试方案

为完成上述试验内容，所需的仪器主要有：

（1）Polytec OFV-5000 激光测振仪；

（2）两台 Power Amplifier Type 2713 功率放大器；

（3）Tektronix AFG320 任意波形发生器；

（4）Tektronix TDS1002、DSO6014A 示波器；

（5）可移动工作台、秒表等。

图 4.23 所示为试验装置接线图，箭头表示信号流通路径。首先，由信号发生器输出正弦或余弦信号，经功率放大器放大到合适的电压值后，加载到输送振子的压电陶瓷片上，激光测振仪的激光束将采集到的振动信息传递给示波器，由示波器显示出振动的幅值，幅值以电压峰峰值形式给出，需要进行转换，转换公式为：

$$A = \frac{k_v \cdot V_{s\text{-}s}}{4\pi f} \tag{4.13}$$

式中 k_v——激光测振仪设定系数，即速度与电压比，本次试验设定为 25 mm/(s·V)；

$V_{s\text{-}s}$——示波器显示出的振动幅值，幅值以电压峰峰值形式给出，V；

f——激振频率，即信号发生器所设定的频率值，kHz。

测试前需对振子的各部分进行标定：红、黄引线所在面为 A 面，并定义为上直梁段，蓝、绿引线所在面为 B 面，相应定义为下直梁段；与红、黄引线相焊接

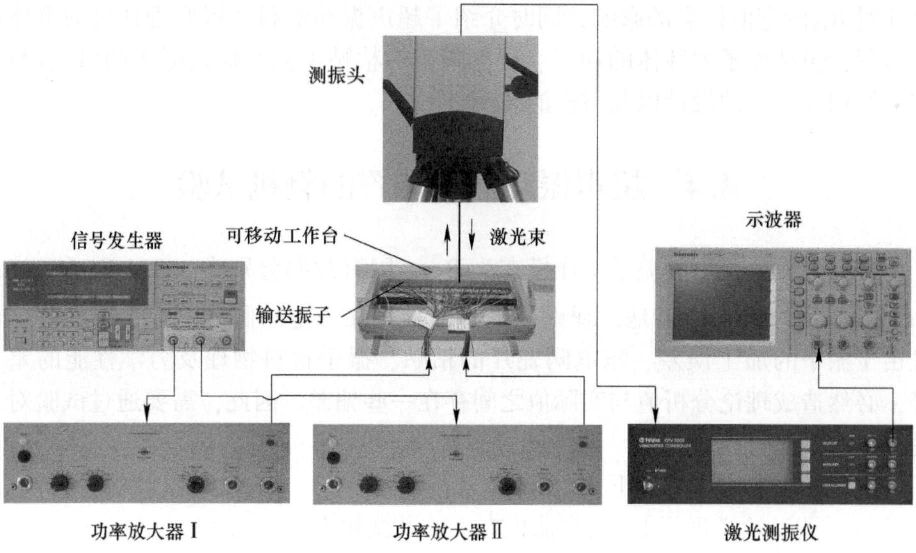

图 4.23　试验装置接线图

的陶瓷片记为 A 组，相应的，与蓝、绿引线相焊接的陶瓷片记为 B 组，具体标定参见图 4.24。

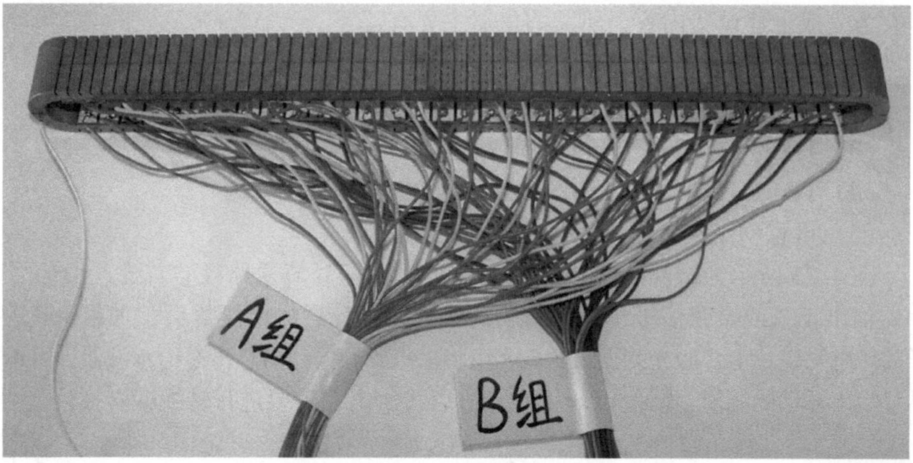

图 4.24　振子引线分组示意图

扫码看彩图

4.4.2　样机的谐振频率测试

输送振子的谐振频率最初是通过有限元进行数值分析得到的，与实际值往往有一定偏差，为了准确确定振子的工作频率，需对振子的谐振频率进行试验测定。

经有限元计算得出 B_{18}阶两模态的共振频率分别为 20326 Hz 和 20327 Hz，按照上一节中的测试原理图进行连线。首先激励其中一组陶瓷片，在振子的某一输送面上选择一固定点，在理论分析的共振频率附近调整信号发生器的频率，找到几个共振频率点。为了从这几个共振频率点间正确分辨出振子的实际工作频率，可以借助理论分析得出的振型图，由于振型上的直观性，可以很容易确定振子的实际工作频率。移动并旋转输送振子，使振子的一周被激光头扫射，对照振型图上的极值点，同时观察示波器，记录各疑似工作频率点激振下对应极值点的位置与数目，当记录结果与理论分析相一致时，即可判断出振子实际工作频率并验证了其振动阶次。应用上述方法，测试出振子 B_{18}阶两相工作频率分别为 18330 Hz 和 18420 Hz，频率相差 90 Hz，对比理论分析的频率值有一定偏差，导致此现象的可能原因有多种，例如有限元建模时未考虑黏结层，有限元分析时网格大小的选取，材料参数的设置，以及后续的加工误差，压电陶瓷与振子弹性体粘贴时的位置误差等。

4.4.3 验证模态控制

为了定量化的验证输送振子的实际工作模态能否与理论分析相一致，即是否达到了真正意义上的模态控制，需对振子齿面的振幅分布情况、振子两相模态的正交性加以分析。

4.4.3.1 长度方向振幅分布

由于输送振子有两个工作面，因此对这两个工作面分别进行测试。分别激励 A、B 两组陶瓷片，测试两个工作面沿长度方向齿面振幅分布情况，即在振子对称面上从工作面左端第一个齿的位置开始，每个齿上各取三点作为测试点，共计 64 个齿，即 192 个测试点，记录每个测试点的电压峰峰值，然后将其转化为幅值。

首先将输入电压峰峰值设定在 40 V，分别激励 A、B 两组陶瓷片，激振频率分别为 18350 Hz 和 18440 Hz，按照上述方法测试 A 面沿长度方向齿面振幅分布情况，如图 4.25（a）（b）所示。图中粗线代表的是实际测得的振幅曲线，虚线为有限元分析得出的振幅曲线，由于实际测得的振幅值均为正值，不便于与有限元分析结果比较，故对实际测振幅曲线进行了模拟，图中点画线即是，细线为齿形示意图，将它们四者有机地结合在一起，可以更加方便、直观地校对模态上的控制性。从图中可见，实际的工作模态与有限元分析出的模态基本一致。

输入电压峰峰值仍设定为 40 V，分别激励 A、B 两组陶瓷片，激振频率分别为 18330 Hz 和 18420 Hz，按照 A 面振幅的测试方法测试 B 面沿长度方向齿面振幅分布情况，如图 4.26（a）（b）所示。可见，B 面也达到了良好的模态控制。

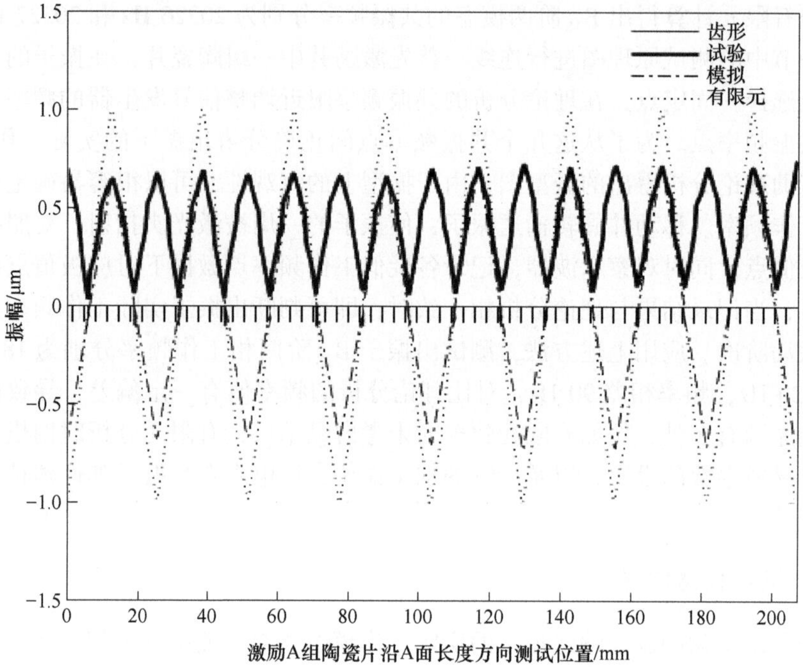

(a)

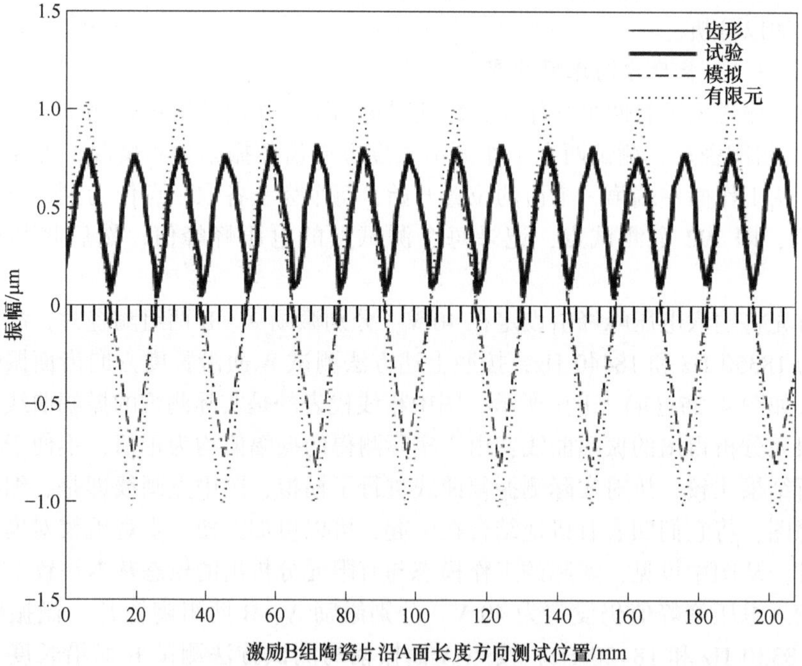

(b)

图 4.25　沿 A 面长度方向振幅分布

(a) 激励 A 组陶瓷片沿 A 面长度方向振幅分布；(b) 激励 B 组陶瓷片沿 A 面长度方向振幅分布

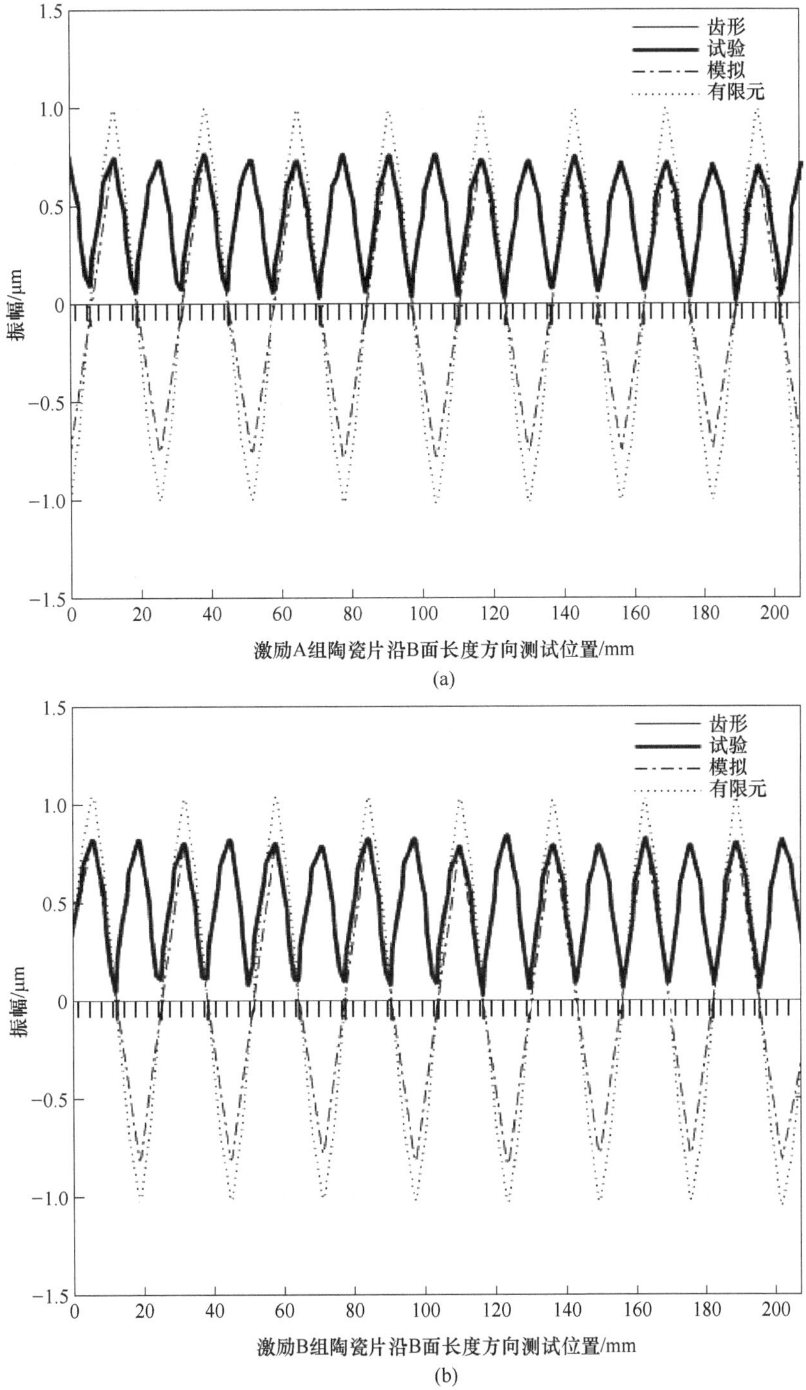

图 4.26　沿 B 面长度方向振幅分布

（a）激励 A 组陶瓷片沿 B 面长度方向振幅分布；（b）激励 B 组陶瓷片沿 B 面长度方向振幅分布

4.4.3.2　宽度方向振幅分布

理论分析时不仅要观察振子长度方向上的振型，同时也要注意其宽度方向上的振型。有限元分析时，从各个视图中观察振子宽度方向上的振型，看似并无较大弯曲变形。为了验证理论分析结果，对振子宽度方向振幅分布进行测试。分别激励 A、B 两组陶瓷片，测试两工作面沿宽度方向振幅分布情况，在工作面上选择一个波长范围（取振子结构的中间部分），共计 8 个齿，选取每个齿沿宽度方向的中心位置，在每个中心位置上各选择 7 个点（从靠近引线一侧开始取），共计 56 个测试点，记录每个测试点的电压峰峰值，然后将其转化为幅值。

将输入电压峰峰值设定在 40 V，分别激励 A、B 两组陶瓷片，激振频率分别为 18340 Hz 和 18420 Hz，按上述方法对 A 面已选定的 56 个点进行测试，图 4.27（a）（c）为沿齿宽不同位置的长度方向振幅分布，然而图 4.27（a）中显示的各条曲线并不均匀，各齿沿齿宽方向的幅值落差较大，图 4.27（c）中的较为良好。为了更直观地描述宽度方向振幅分布，对应将各齿沿齿宽中心位置的振幅分布显示于图 4.27（b）（d）中。从图 4.27（b）中可以观察到只有个别齿沿宽度方向的振幅曲线无明显翘起，图 4.27（d）中则相对较平稳。

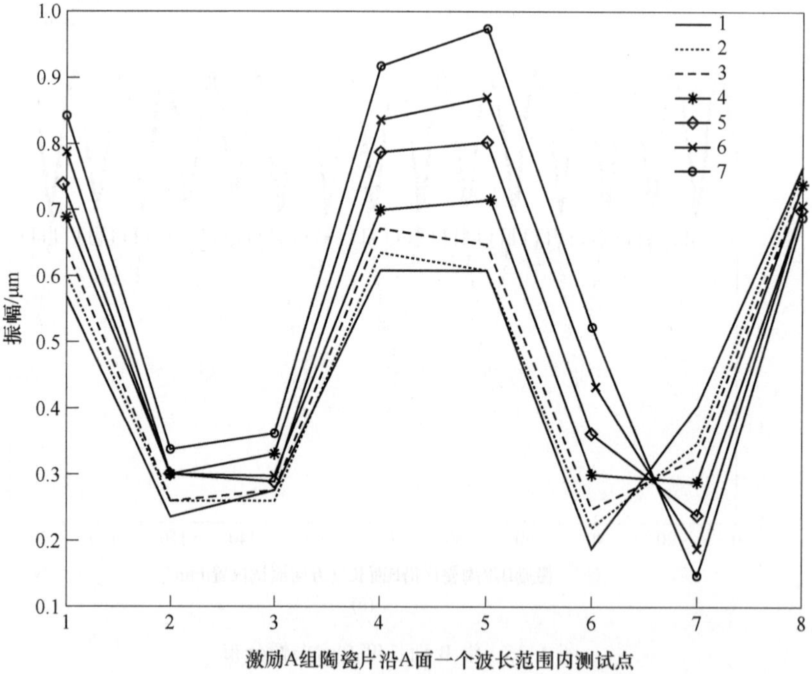

(a)

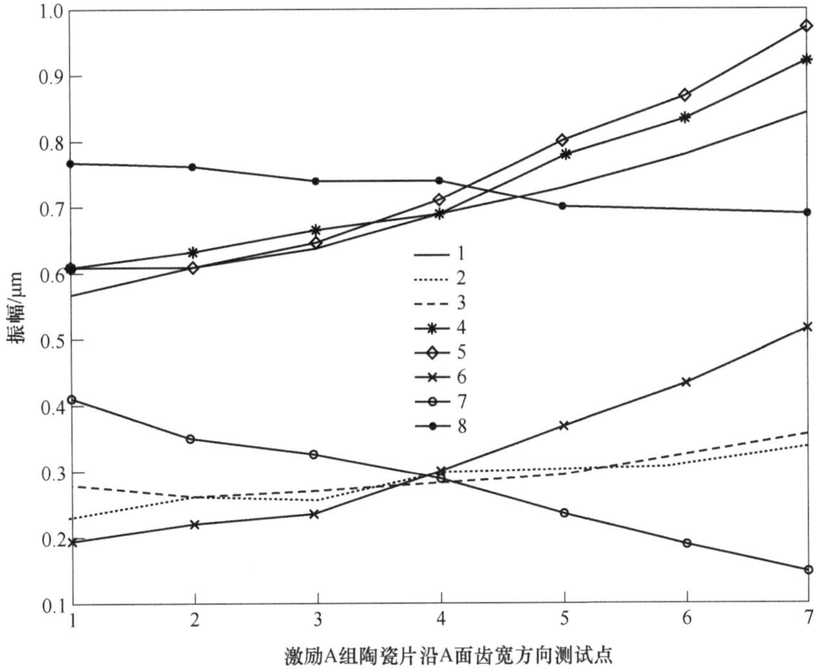
1.0
0.9
0.8
0.7
0.6
0.5
0.4
0.3
0.2
0.1
振幅/μm
1
2
3
4
5
6
7
8
激励A组陶瓷片沿A面齿宽方向测试点

(b)

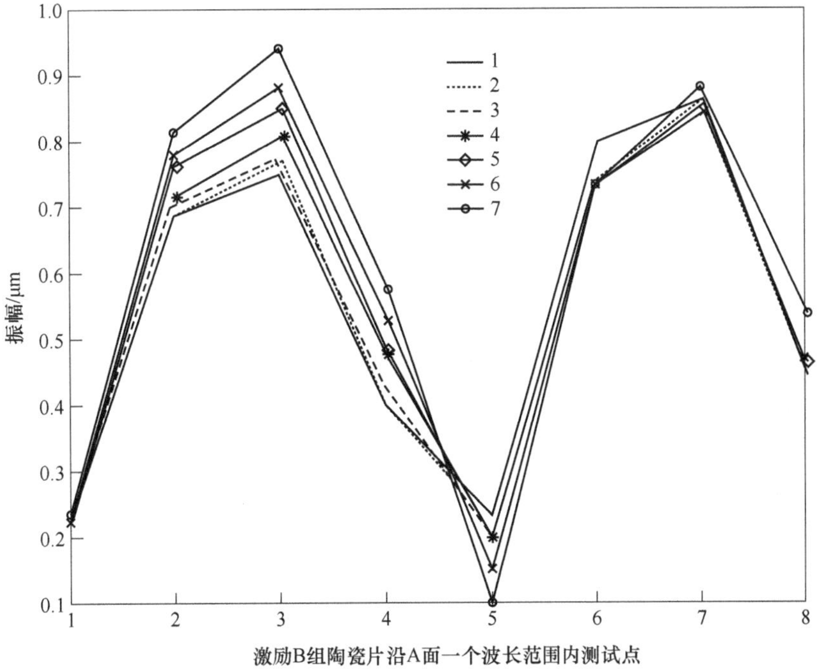
1.0
0.9
0.8
0.7
0.6
0.5
0.4
0.3
0.2
0.1
振幅/μm
1
2
3
4
5
6
7
8
激励B组陶瓷片沿A面一个波长范围内测试点

(c)

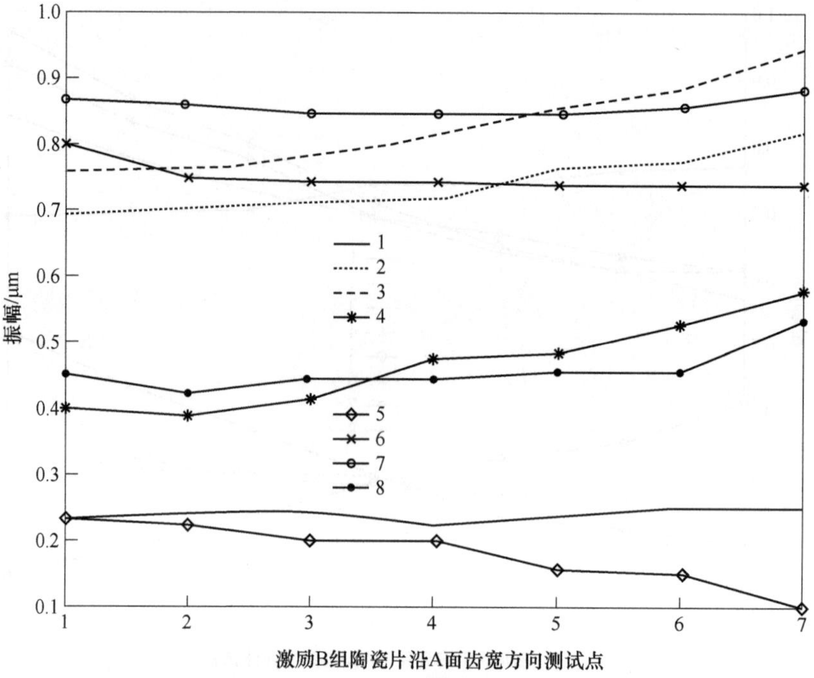

(d)

图 4. 27　沿 A 面宽度方向振幅分布

(a) 激励 A 组陶瓷片沿 A 面齿宽不同位置的长度方向振幅分布；(b) 激励 A 组陶瓷片沿 A 面齿宽方向振幅分布；(c) 激励 B 组陶瓷片沿 A 面齿宽不同位置的长度方向振幅分布；(d) 激励 B 组陶瓷片沿 A 面齿宽方向振幅分布

输入电压峰峰值仍设置在 40 V，分别激励 A、B 两组陶瓷片，激振频率分别为 18340 Hz 和 18420 Hz，按照 A 面的测试方法选择 B 面上的 56 个点进行测试。测试结果显示于图 4. 28 中。各图代表的具体含义参照上述段落，这里不加以赘述。对比图 4. 27，不难发现，图 4. 28 中虽伴随有相似问题的产生，但优于图 4. 27。由于只在振子工作面的一个波长范围内进行了测试，而且宽度方向上存在着个别翘起，但是可以推测，就整个输送振子而言，宽度方向上将无较大弯曲变形。

4. 4. 3. 3　两相模态的正交性

由于合成面内弯曲行波的条件是在振子体内激发出两相近似正交的同阶面内弯曲振动模态，为了验证理论分析中正交性的存在性，需对振子实际工作模态的正交性加以研究。提取长度方向振幅测试中的数据，分析结果如图 4. 29 所示。不难看出，实际工作模态具备了良好的正交性。

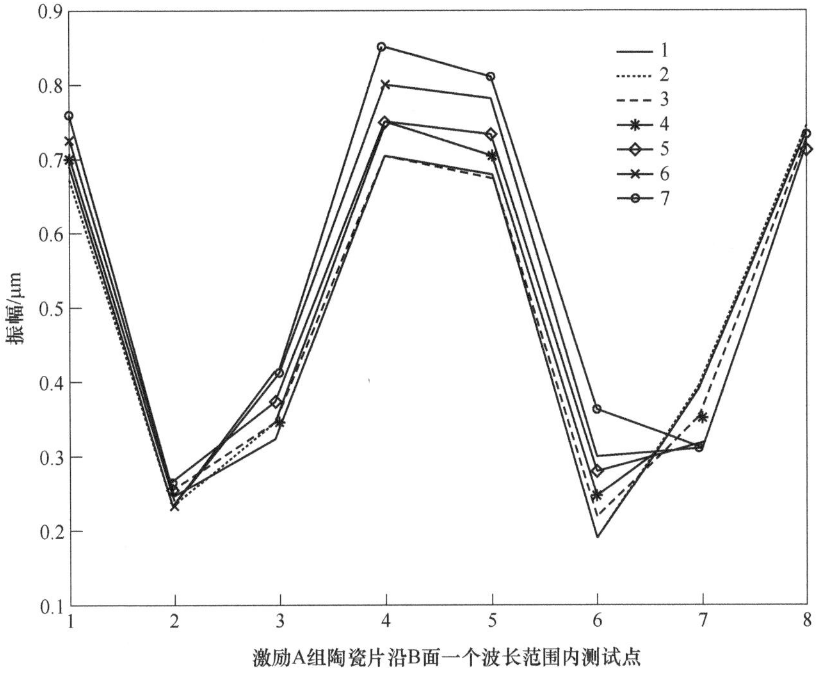
0.9
0.8
0.7
0.6
0.5
0.4
0.3
0.2
0.1
振幅/μm
1
2
3
4
5
6
7
8
1
2
3
4
5
6
7
激励A组陶瓷片沿B面一个波长范围内测试点

(a)

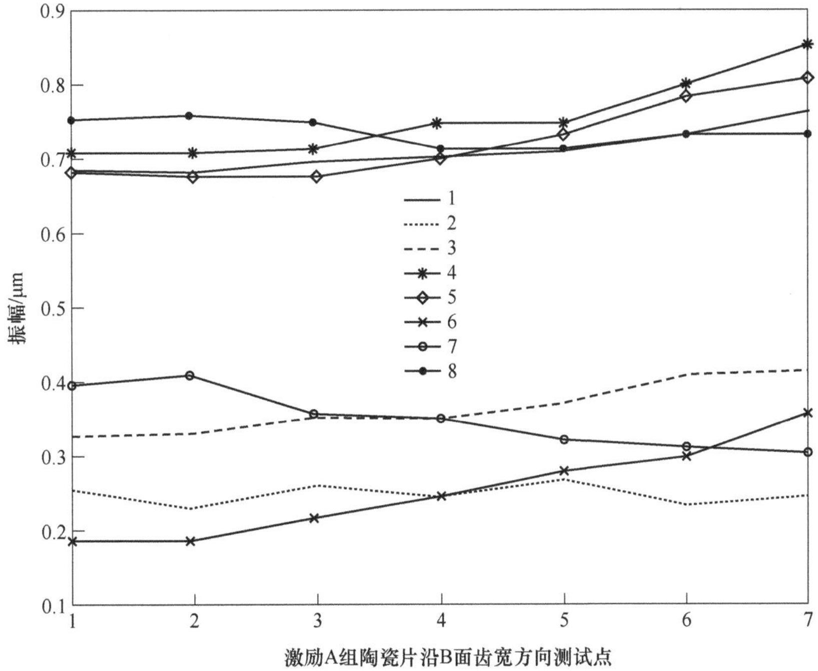
0.9
0.8
0.7
0.6
0.5
0.4
0.3
0.2
0.1
振幅/μm
1
2
3
4
5
6
7
1
2
3
4
5
6
7
8
激励A组陶瓷片沿B面齿宽方向测试点

(b)

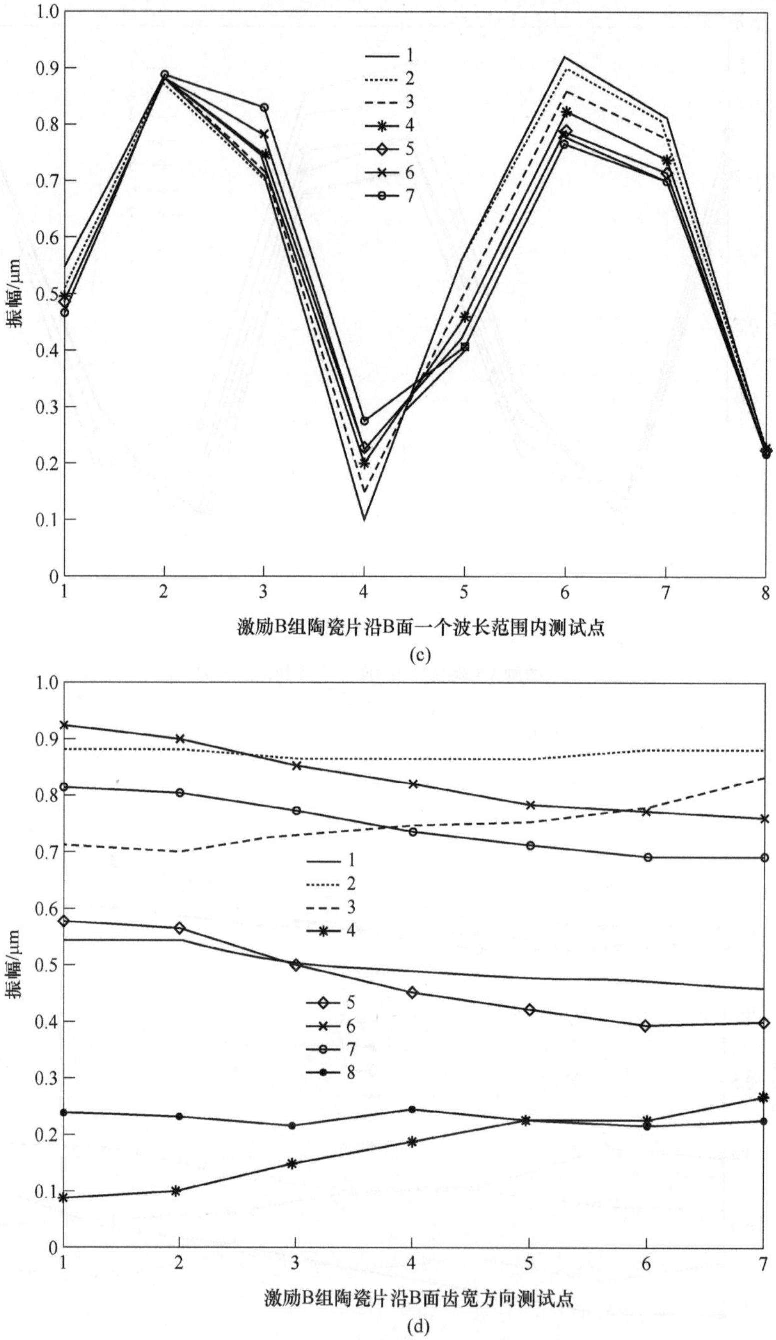

图 4.28　沿 B 面宽度方向振幅分布

(a) 激励 A 组陶瓷片沿 B 面齿宽不同位置的长度方向振幅分布；(b) 激励 A 组陶瓷片沿 B 面齿宽方向振幅分布；(c) 激励 B 组陶瓷片沿 B 面齿宽不同位置的长度方向振幅分布；(d) 激励 B 组陶瓷片沿 B 面齿宽方向振幅分布

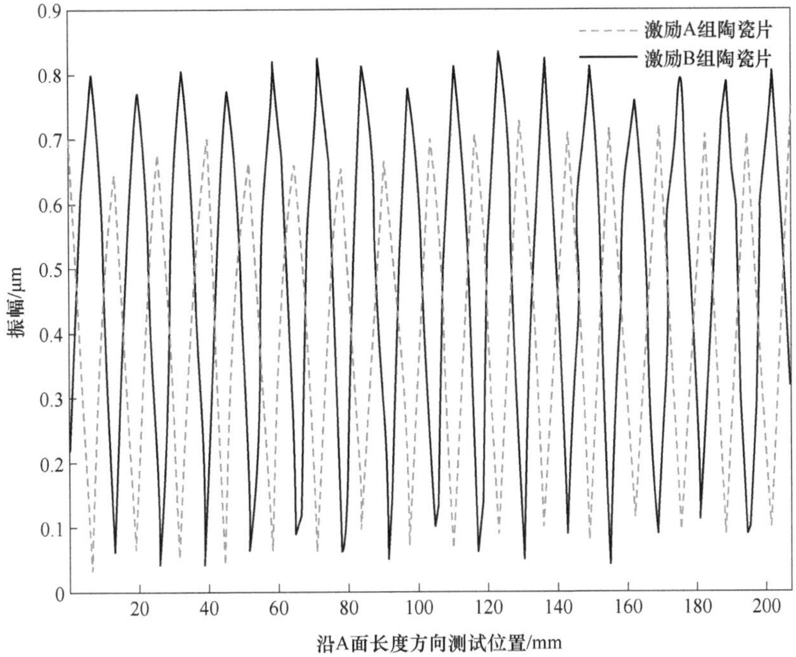

(a)

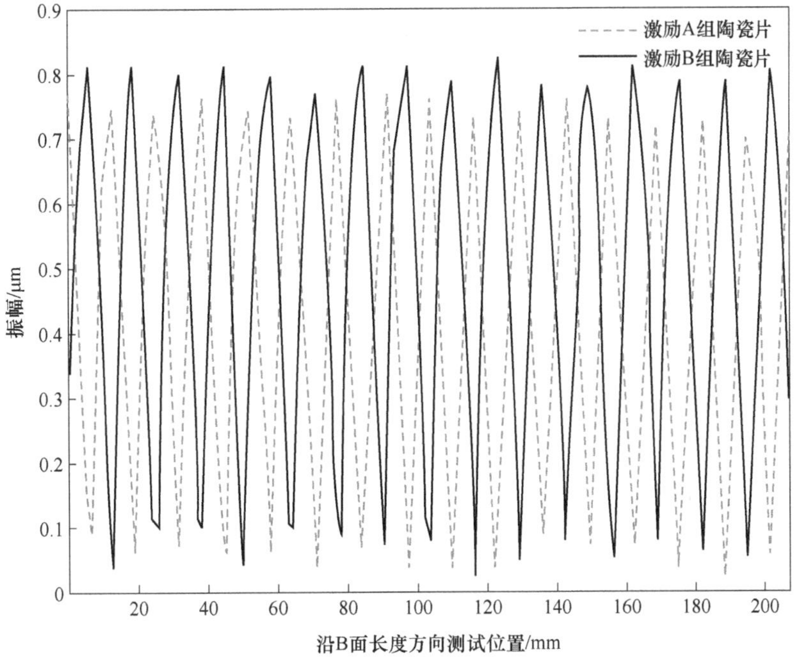

(b)

图 4.29 两相模态的正交性

(a) 测试 A 面两相模态的正交性；(b) 测试 B 面两相模态的正交性

4.4.4　样机的性能测试与分析

超声振动给料装置的最终应用是实现振动送料，其整体结构的设计、优化，所要达到的目的即实现高效、平稳地送料，而输送速率决定了整个装置的输送性能，因此输送效率是判断输送振子结构是否可行、达到优化的一个重要指标。本节对设计并加工制作出的原理样机的性能进行测试，研究其幅频特性，并分析振幅、物料种类这两个主要因素对输送速率的影响规律。

4.4.4.1　幅频特性

通过大量的试验研究，发现输送振子两输送面的性能相当，故本书只挑选其一输送面（即 A 面）加以分析。将振子两相输入电压的峰值均设定在 40 V，分别激励 A、B 两组陶瓷片，测得振子 A、B 两相的工作频率分别为 18350 Hz 和 18430 Hz。由于振子 A、B 两相在各自工作频率下的振幅值存在一定偏差，为便于分析其幅频特性，现作如下处理：选择振子 A 面某一固定点，保持 B 相输入电压峰峰值 40 V 不变，记录该点在 B 相激励下的振幅值，调节功率放大器Ⅱ的微调旋钮，使该点在 A 相激励下的振幅值与 B 相激励时的振幅值趋于一致。

首先激励 A 组陶瓷片，以 A 相工作频率 18350 Hz 为基准值，以 100 Hz 的步长调节信号发生器的频率，记录每一频率下对应的振幅值，同理，激励 B 组陶瓷片，记录各频率下对应的振幅值，绘制幅频特性曲线，并对曲线进行拟合，结果如图 4.30 所示。可以看出，随着工作频率的增加，输送振子齿面的振幅也随之

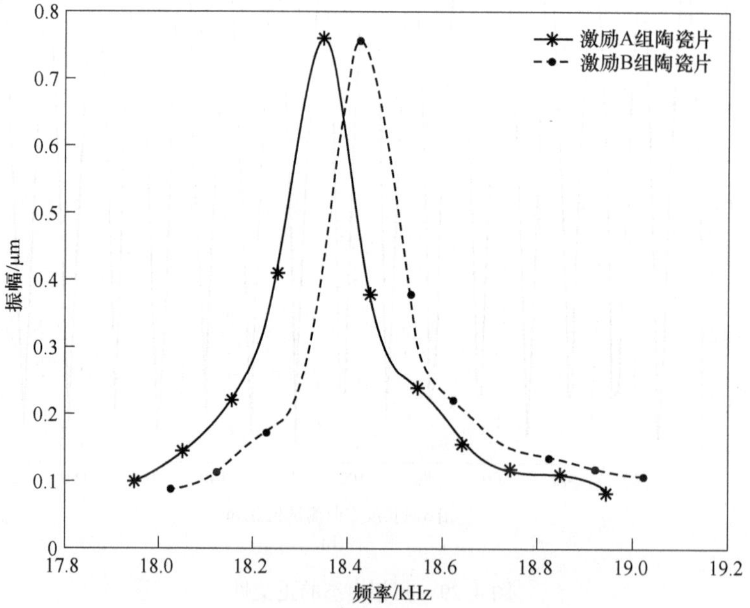

图 4.30　幅频特性

增加；当工作频率达到系统的谐振频率时，输送振子齿面的振幅达到最大值；当工作频率继续增加时，输送振子齿面的振幅随之呈递减趋势变化。

4.4.4.2 振幅与输送速率的关系

由于输送速率是衡量超声振动给料装置输送能力的一个重要指标，而输送速率的大小与输送振子表面的振幅之间又存在着必然的联系，因而研究振幅与输送速率的关系是十分必要的。

输送速率的测量方法为标记单个物料走行固定行程的时间，由于计时误差的存在，均采取同等条件下测量 3 次，而后取平均值。将物料放置在输送振子直梁段的一端作为起始位置，启动信号发生器，同时启动计时，物料开始走行，当物料到达作为行程终点的直梁段的另一端时，结束计时。

仍然选择输送振子的 A 面进行测试，输送物料为圆锥滚子，振子的激振频率设定为两相工作频率的平均值 18390 Hz，从明显可见送料效果的 0.4 μm 起，以 0.1 μm 的步长来标定振幅，反求出各幅值下对应的电压峰峰值，移动输送振子，找到振子两相分别激励下对应两驻波的波峰位置，调节功率放大器，使处于驻波波峰位置的质点的电压峰峰值与被标定幅值对应的电压峰峰值趋于一致，测量不同幅值下的输送速率，得到振幅与输送速率的关系曲线，如图 4.31 所示，从图 4.31 中看出，超声振动给料装置的输送速率随振子表面振幅的增加而增大。

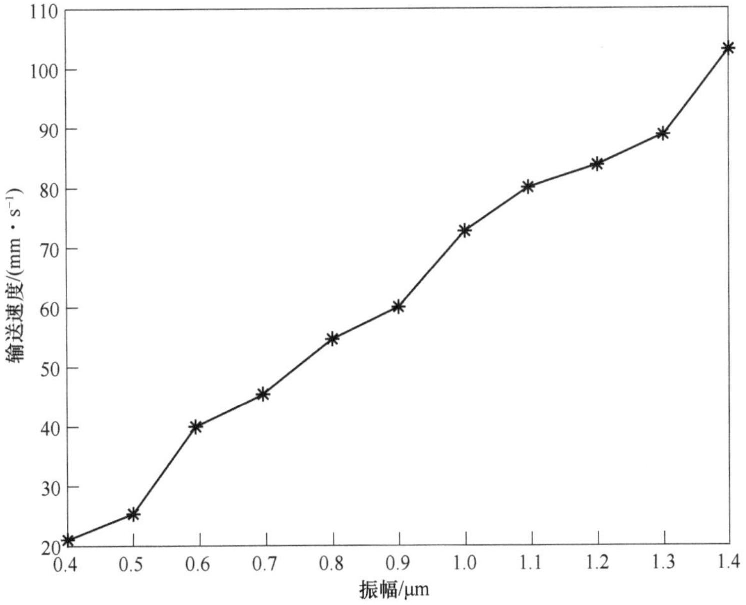

图 4.31 振幅与输送速率的关系

4.4.4.3　物料对输送速率的影响

利用上述输送速率的测试方法，激振频率设定为 18390 Hz，振子表面质点的振幅调节在 1 μm 下，针对材质、密度、形状以及表面粗糙度等不同的几种物料测试超声振动给料装置的输送性能，结果见表 4.6。

表 4.6　不同物料的输送性能

物料种类	物料特点	输送速率 /($mm \cdot s^{-1}$)
盖形螺母（M8）	材料为不锈钢，表面很光滑，质量较大些，易于输送	79.28
六角螺母（M5）	材料为钢，表面较光滑，质量较小，易于输送	67.48
轴承（604）	材料为不锈钢，表面光滑，易于输送	74.20
圆锥滚子（2.6 g）	材料为不锈钢，表面较光滑，易于输送	77.51
垫片（0.2 g）	材料为不锈钢，表面很光滑，易于输送	75.82
黄药片（ϕ10 mm，0.5 g）	表面较光滑，外形较大，易于输送	65.57
白药片（ϕ7 mm，0.1 g）	表面粗糙，外形小，不易输送	53.32

试验结果表明，超声振动给料装置对输送对象有一定的选择性，同一样机对盖形螺母（M8）、圆锥滚子等表面光滑、质量较大的物料具有良好的输送性能；对表面光滑，质量较小的物料六角螺母（M5）、轴承（604）、垫片等输送性能一般；对药片类表面粗糙、质量轻的物料输送性能较差，有些物料几乎不能输送。可见，本书设计的超声振动给料装置适于输送表面光滑、质量较重的物料。

结　论

本书系统总结了国内外压电振动给料装置的发展现状，以现有的行波型超声物料输送装置为基础，提出一种具有双对称轴结构的超声振动给料装置的新方案，针对其主要部件输送振子展开了系统的理论分析，制作了超声振动给料装置的原理样机，并对其进行了大量的试验研究。本书的主要结论归纳如下。

(1) 以有限元软件 ANSYS 为主要工具，对圆环及长环形梁的面内弯曲振动模态进行了对比分析，应用数学方法论证了长环形梁的振型对称性，探求了长环形梁面内弯曲振动的内在规律，最后提出了对称输送振子的雏形。

(2) 在输送振子的动态设计过程中严格遵循四分之一波长原则，提出一种能够控制振子振动模态的可行方案，即在振子弹性体表面适当开槽，从而强制设定振型的波腹位置，使输送振子工作在理想模态下。经试验验证，证实了模态控制方法的可行性，为今后该类输送振子的设计提供了依据。

（3）利用有限元软件的模态分析找到了振子的两个 B_{18} 阶面内弯曲振动模态，固有频率分别为 20326 Hz 和 20327 Hz，频率差仅为 1 Hz，满足工程要求。采用粘贴独立陶瓷片的设计方法，使振子宽度方向伴随的横向振动降到了最小，为宽度尺寸的系列化设计提供了依据。分析了振子主要几何尺寸对 B_{18} 阶弯曲模态影响的灵敏度，分析表明振子的基体厚、齿高、齿缝隙以及压电陶瓷厚度的变化对两模态固有频率差值的影响不是很大，振子凸台高及两端圆弧内半径的改变对两模态固有频率差值的影响较大。

（4）根据理论分析结果，研制了原理样机，并对样机输送振子的谐振频率及振动模态进行了试验研究。试验测得振子 B_{18} 阶两相工作频率分别为 18330 Hz 和 18420 Hz，频率相差 90 Hz，对比理论分析的频率差值有一定偏差，但此偏差是在允许范围内的。对输送振子齿面的振幅分布情况进行了研究，结果表明实际工作模态与有限元分析结果基本保持一致。从行波合成角度出发，验证了理论分析中正交性的存在性。

（5）测试了超声振动给料装置的输送性能，分析了振幅、物料种类这两个主要因素对输送速率的影响规律。试验结果表明：输送速率与振子表面振幅之间呈现近似的线性关系；在相同的工作频率和振幅下，选择不同种类物料进行输送能力测试，结果显示输送对象不同，其输送速率也不同，对表面光滑、质量较大的物料输送效果好。

参考文献

［1］闻邦椿，刘树英，何勍．振动机械的理论与动态设计方法［M］．北京：机械工业出版社，2001.
［2］于跃．基于郎之万振子的直线式超声波振动给料系统的研究［D］．吉林：吉林大学，2008.
［3］王启詹．自动机械设计［M］．北京：轻工业出版社，1987.
［4］张贵林，郭浩，赵淳生．超声波粉体输送装置输送能力的试验研究［J］．压电与声光，2002，6（24）：489-492.
［5］虞和谦．机械工程手册物料搬运设备卷［M］．2 版．北京：机械工业出版社，1997.
［6］张福学，王丽坤．现代压电学：上册［M］．北京：国防出版社，2002.
［7］杨济华．径向伸缩模态超声波粉体输送装置的试验研究［D］．吉林：吉林大学，2004.
［8］何勍，Wolfgang S. 环形直线行波超声电机定子的模态分析［J］．压电与声光，2003，25（6）：514-516.
［9］Wallaschek J. Contact mechanics of piezoelectric ultrasonic motors［J］．Smart Material and Structure，1998，7：369-381.
［10］Hemsel T. Untersuchung und Weiterentwicklung linearer piezoelektrischer Schwin-gungsantriebe. Dissertation［D］．PADERBORN：Universitaet Paderborn，2001.
［11］王红静，王宏祥，何勍．振子齿对驻波型直线超声电机振动模态的影响［J］．机械工程师，2005（2）：74-75.
［12］张贵林，郭浩，赵淳生．超声波粉体输送装置及其应用［J］．振动、测试与诊断，2001，21（3）：186-190.
［13］吴文福，田忠静，韩峰．压电振动送料装置的研究现状及其应用［J］．机械设计与制造，2006（3）：1-5 .
［14］郭浩，张贵林，赵淳生，等．行波型超声粉体输送装置输送机理的研究［J］．振动、测试与诊断，2001，23（1）：30-32.
［15］Baralic N，Takano T，Hemsel T. Experimental investigations of a progressive wave in an acrylic pipe and its application for an powder feeding device［D］．Sendai：Tohoku Institute of Technology，2001.
［16］高野刚浩，富川义朗．屈曲进行波利用すち粉体搬送デバィスと粉体流量せソサ［C］//振动-音响新技术ッソボヅム讲演论论文集，1999.
［17］Takehiro T，Yoshiro T. Characteristics of a powder supplying device using flexural progressive waves in a lossy ultrsonic transmission line［J］．World Congress on Utrasonics，1997（8）：24-27.
［18］Takehiro T，Yoshiro T. Excitation of a progressive wave in a lossy ultrasonic trans- mission line and an application to a powder- feeding device［J］．Smart Struct，1998，7（6）：417-421.
［19］佐藤壮征．超音波進行波を応用した粉体移送システム［J］．超音波 TECHNO，1996，11：45-48.
［20］Yang Y，Li X. Experimental and analytical study of ultrasonic micro powder feeding［J］．

Journal of Physics D Applied Physics, 2003, 36 (7): 1349-1354.
[21] Choi H, Yang Y, Li X. Experimental study on integration of laser-based additive/subtractive processes for meso/micro solid freeform fabrication [J]. The International Journal of Advanced Manufacturing Technology, 2005, 26 (4): 335-341.
[22] Mracek M, Wallaschek J. A system for powder transport based on pizo-electrically excited ultrasonic progressive waves [J]. Materials Chemistry and Physics, 2005 (90): 378-380.
[23] 郭浩. 行波型超声波粉体输送装置的研究 [D]. 南京: 南京航空航天大学, 2002.
[24] 张贵林. 超声波粉体输送装置的研究 [D]. 南京: 南京航空航天大学, 2001.
[25] 郭浩, 张贵林, 赵淳生. 径向伸缩型超声波粉体输送装置及其工作原理 [C] //华东五省振动工程学会第五届学术交流会论文集, 2001.
[26] 于威. 行波超声物料输送装置的研究 [D]. 辽宁: 辽宁工学院, 2006.
[27] 何勍, 王宏祥, 于威. 用于振动输送的一种压电环形振子 [J]. 机械工程师, 2006 (9): 46-47.
[28] 何勍, 王宏祥, 于威. 一种新型高频低幅振动给料装置的研究 [J]. 机械科学与技术, 2007, 26 (6): 758-760.
[29] 李红双. 驻波型超声物料输送装置理论与实验研究 [D]. 辽宁: 辽宁工业大学, 2007.
[30] 陈维山, 吕晓宇. 超声波液体传送装置的设计 [J]. 机械工程师, 2006 (9): 82-84.
[31] 吕晓宇. 超声波微量物料传送装置的研究 [D]. 哈尔滨: 哈尔滨工业大学, 2006.
[32] 关春光. 采用纵振换能器的超声振动给料系统的实验研究 [D]. 吉林: 吉林大学, 2007.
[33]《振动与冲击手册》编著委员会. 振动与冲击手册. 第一卷: 基本理论和分析方法 [M]. 北京: 国防工业出版社, 1988.
[34] Timoshenko S, Young D H, Weaver W, et al. Vibration problems in engineering [M]. 4th ed. John Wiley & Sons, 1974.
[35] 铁摩辛柯 S, 杨 D H, 小韦孚 W. 工程中的振动问题 [M]. 胡人礼, 译. 北京: 人民铁道出版社, 1978.
[36] 石斌. 环形行波型超声马达的研究 [D]. 浙江: 东南大学, 2001.
[37] 胡敏强, 金龙, 顾菊平. 超声波电机原理与设计 [M]. 北京: 科学出版社, 2005.
[38] 贺思源, 陈维山, 陈在礼. 基于定子齿三维运动的新型超声波马达 [J]. 压电与声光, 1997, 19 (6): 394-397.
[39] 郭辉, 谭台哲, 宁新宝, 等. 薄型超声电机两相及单相激励时的工作机理分析与实验研究 [J]. 中国电机工程学报, 2003, 23 (10): 153-157.
[40] 上羽贞行, 富川义朗. 超声波马达理论与应用 [M]. 杨志刚, 郑学伦, 译. 上海: 上海科技出版社, 1998.
[41] Takefumi K, Akira M, Tomohisa O. A micro ultrasonic motor using a micro-machined cylindrical bulk PZT transducer [J]. Sensors and Actuators, 2006 (127): 131-138.
[42] 莫岳平, 胡敏强, 石斌, 等. 材料对超声电动机性能的影响及其选择 [J]. 微电机, 2002, 35 (1): 14, 24, 34, 44.
[43] Flynn A M. Torque production in ultrasonic motor [J]. A. M. Flynn, 1993, 12 (3): 65-69.
[44] Zharii O Y, Ulitko A F. Smooth contact between the running rayleigh wave and a rigid strip

transaction of the ASME [J]. Journal of Applied Mechanics, 1995, 62 (5): 362-367.
[45] Seemann W. Ultrasonic traveling wave linear motor with improved efficiency [J]. SPIE, 2000, 2717 (6): 554-564.
[46] 赵淳生．超声电机技术与应用 [M]. 北京：科学出版社, 2007.
[47] 李静．旋转型驻波超声电机的理论与实验研究 [D]. 辽宁：辽宁工业大学, 2008.
[48] 王光庆．行波型超声电机若干关键问题研究 [D]. 杭州：浙江大学, 2006.
[49] 杨志刚, 马昊学, 杨东平, 等．环形行波型超声波马达的设计与试验研究 [J]. 中国电机工程学报, 2000, 20 (2): 81-84.
[50] Akiyama Y. Present state of ultrasonic motor in Japan [J]. Journal of Acoustics and Electronic Engineering, 1987, 4: 37-43.
[51] 横山恭男, 岗部佐规一, 石川宪一．摩擦と振动 [J]. 机械の研究, 1996, 21 (10): 1359-1367.
[52] 程光明, 曾平, 杨志刚．超声压电马达矩形复合板振子的藕合振动分析 [J]. 压电与声光, 1996, 8 (6): 386-389.
[53] 杨志刚, 铃木胜义, 程光明．突起物を有する平板状振动子を用いた超音波モータ [C] //日本机械学会论文集 C 编, 1996, 62 (602): 3938-3943.
[54] 关亮．方环形直线驻波超声电机的研究 [D]. 辽宁：辽宁工业大学, 2007.
[55] 严继康, 甘国友, 孙加林, 等．超压电马达用压电陶瓷的研究 [J]. 压电与声光, 2002, 4: 290-291.
[56] 张武, 袁镇探．探讨超声电机用压电陶瓷 [J]. 现代电子技术, 2004, 14: 69-73.
[57] 何勍, 李红双．压电振子弹性支撑的数值与实验研究 [J]. 压电与声光, 2007, 29 (5): 619-621.
[58] 丁小平, 王薇, 付连春．光纤传感器的分类及其应用原理 [J]. 光谱学与光谱分析, 2006, 26 (6): 1176-1178.
[59] 李文植．光纤传感器的发展及其应用综述 [J]. 科技创业, 2005 (7): 153-154.
[60] 乔勇惠．光电传感器原理及应用 [J]. 可编程控制器与工厂自动化, 2008 (5): 103-106.
[61] 史素平．多点压电振动给料装置及驱动控制系统 [D]. 吉林：吉林大学硕士学位论文, 2007.
[62] 张铁民．行波型超声电机伺服控制系统的研究 [R]. 南京：南京航空航天大学, 2000.
[63] 陈志华, 赵淳生．超声电机控制中的若干关键问题 [J]. 微特电机, 2002, 23 (6): 214-216.